墨西哥湾超深水钻井开发
新技术及实例分析

刘环宇　著

中国石化出版社

图书在版编目(CIP)数据

墨西哥湾超深水钻井开发新技术及实例分析 /
刘环宇著.
—北京:中国石化出版社,2018.12
ISBN 978-7-5114-5133-0

Ⅰ.①墨… Ⅱ.①刘… Ⅲ.①墨西哥湾-深井钻井
Ⅳ.①TE245

中国版本图书馆 CIP 数据核字(2019)第 290250 号

中国石化出版社出版发行
地址:北京市朝阳区吉市口路 9 号
邮编:100020 电话:(010)59964500
发行部电话:(010)59964526
http://www.sinopec-press.com
E-mail:press@ sinopec.com
北京富泰印刷有限责任公司印刷
全国各地新华书店经销
*
710×1000 毫米 16 开本 9.5 印张 186 千字
2019 年 2 月第 1 版 2019 年 2 月第 1 次印刷
定价:58.00 元

前　　言

众所周知，海洋石油开发是石油工业发展的重要方向，而墨西哥湾地区拥有巨大的油气储量，一直以来都是世界石油开发的热点地区。

墨西哥湾地区油气开发难度较大。该地区洋流强烈，气候恶劣，时有飓风天气，自然条件不佳。地质条件方面，该地区盐层厚度可达3000m以上，巨大的盐层是良好的油气盖层，埋藏了巨量的石油资源，但也对钻井开发带来了诸多不利影响。该地区的油气资源埋藏深，钻井垂深可达9700m，井底压力最大可达180MPa，温度达200℃以上。由于地质情况复杂，墨西哥地区钻井成本非常高，但同时也催生了一批先进的海洋油气开发技术。

墨西哥湾沿岸有石油工业非常发达的美国，聚集了一大批世界先进的油气开发公司、技术服务公司，以及众多中小型技术服务公司，发达的油气开发技术结合恶劣的地质条件，催生了世界上最先进的海洋石油开发技术。这些技术是人类石油开发技术的巨大宝库，值得深入调查研究。

墨西哥湾地区的油气开发领域每年都产生大量的技术应用成果，大量的新技术、新工艺推陈出新，常常是一种工具几年就更新换代，令人目不暇接。一些新工艺、新做法常常令人拍案叫绝，十分具有启发性。这也是我最终将调研报告扩展编撰成本书的一个重要原因。

本书从墨西哥湾地质概况入手，综合介绍了墨西哥湾盐丘的特征、井身结构设计特点、盐层安全钻井技术、井下钻具组合等超深井钻井技术的研究成果，并进行了钻井实例分析。本书重点介绍了墨西哥湾盐丘钻井中采用的膨胀管、套管钻井及当量循环密度钻井等新技术的应用情况，以及盐丘钻井井眼轨迹的设计要求，盐丘钻井的井控注意事项，并结合工程实例，对墨西哥湾地区盐下油田钻井配套技术进行了分析、总结、评价，形成了墨西哥湾地区盐下油田钻井配套技术的调研思路，在此基础上，对未来墨西哥湾钻井工艺技术提出了一些指导性意见。

本书的第 1 章简要介绍墨西哥湾的概况；第 2 章分析了墨西哥湾地区的基本地质情况；第 3 章结合墨西哥湾钻井难点讨论了不同公司的解决思路；第 4 章分析了墨西哥湾井身结构设计；第 5 章介绍了盐层钻井安全注意事项；第 6 章讨论了墨西哥湾地区新设备的发展方向；第 7 章着重介绍了挪威国家石油公司和马拉松石油公司分别推出的控压钻井技术，以及美国联邦安全与环境执法局（BSEE）的一些基本情况；第 8 章简要分析了几个钻井实例。总体来说，本书的结构是新技术、新工艺与现场应用案例的结合，落脚点在于从问题中寻找答案，服务于基层和现场需求。

由于笔者水平有限，书中不正之处，敬请各位专家、读者给予批评指正。

目　　录

第1章　为什么要研究墨西哥湾钻井

第1节　墨西哥湾海上油田概况

墨西哥湾位于美国、墨西哥和古巴相环抱的海域，浅水区陆架宽阔，水深向南快速加大。本书中所提及的墨西哥湾深水地区(Deep Water Gulf of Mexico，通常简写为DWGoM)主要指水深超过1000ft(1ft＝0.3048m)的美国一侧的墨西哥湾海域，其面积约为$41×10^4km^2$，截至2014年，该地区有7443个油气勘探开发区块。

墨西哥湾深水地区为美国重要的原油产区。2009年，墨西哥湾海上油田原油(不含天然气)总探明储量为$40×10^8bbl(≈6.37×10^8m^3)$，占全美原油总储量的19%。2009年，墨西哥湾海上油田原油(不含天然气)总产量为$5.77×10^8bbl(≈0.92×10^8m^3)$，占全美原油总产量的29.9%。2010年，墨西哥湾深海原油产量首次超过浅海原油产量。

2010年后，由于受深水地平线(Deep Horizon)海上平台爆炸漏油事故和页岩油气革命等的冲击，墨西哥湾海上地区原油产量有所下降，到2014年墨西哥湾海上全年产量为$5.11×10^8bbl(≈0.8125×10^8m^3)$，由于页岩油产能急剧扩大，墨西哥湾海上原油产量所占当年全美产量的份额[2014年全美原油产量35.755×$10^8bbl(≈5.05×10^8m^3)$其中页岩油产量占比超一半]也下降至16%。

2014年下半年开始，全球油价一路走低，油气行业冲到巨大冲击，墨西哥湾地区也不例外。截至2015年9月22日的统计数据，墨西哥湾地区的在钻钻机仅为33部，而2014年12月在钻钻机为57部。而2000年1月时，墨西哥湾海上钻机为122部。抛开油价急剧下降等客观因素，墨西哥湾中浅海地区开发程度过高，也是钻机数量下降的影响因素。墨西哥湾地区浅海油田高产潜力被大量挖掘，新井性价比已无法与造价更高、产量更大的深海油田相比。

近十年以来，墨西哥湾深水和超深水地区不断有新的商业油气发现。据统计，美国墨西哥湾排行前20位的高产油气田全部位于深水区。随着水深的增加，钻井难度也越来越大，也催生了一批深海开发的先进技术。比如扩孔钻头、膨胀管、更为先进的测井技术等，一批深海油气勘探开发的国际能源行业巨头仍然在不断进行技术创新，以向更深水进军。

第2节　研究墨西哥湾深水区开发技术的必要性

全球深海油气资源十分丰富，在曾经的高油价下，世界各国海上油气勘探开发向深海转移的趋势十分明显。我国海洋油气资源丰富，石油资源量约 $240×10^8t$ ，天然气资源量约 $14×10^{12}m^3$ 。此外，我国海上还有极其丰富的天然气水合物(即可燃冰)资源。丰富的深海油气资源为国内石油公司进军深海提供了难得的机遇。

截至目前，我国已建成海上油气田 46 个，2005 年我国海上原油产量 $3197×10^4t$ ，天然气产量 $70.29×10^8m^3$ 。我国海上油气生产长期在水深不足 500m 的浅海区进行。至 2006 年 7 月，才由海外公司在南海珠江口盆地首次钻了一口水深 1480m 的深海探井，获得了重大发现，估算天然气资源超过 $1000×10^8m^3$ ，有望成为我国海域最大的天然气发现。此外，中国石油也在南海深海海区取得了一定的地震勘探成果。而我国周边国家每年从南沙海域生产石油达 $5000×10^4t$ 以上，相当于我国大庆油田的年产量。

这种严峻的形势迫使我国必须加快南沙等海域的油气田勘探开发。我国的石油公司不仅应加快浅海油气勘探开发，更应把进军深海作为一个重要的发展战略，并加紧落实。此外，虽然我国的石油公司在海洋石油技术、装备和人才方面还缺乏优势，但可以凭借资金、实力和参与国际竞争的经验，走出国门，参与境外海洋油气资源的勘探开发。三大油公司也不断向国外进军以获得更多的优良资产。中海油全资收购了尼克森公司就是一例，而尼克森公司就有墨西哥湾的勘探区块。

2014 年，中国海洋石油总公司国内产量达到了 $3964×10^4t$ ，国外产量达到了 $2904×10^4t$ ，"海外取得 5 个新发现，包括美国墨西哥湾的 Rydberg、乌干达的 Rii-B、英国北海的 Blackjack 和 Ravel 及尼日利亚的 OML138 区块 Usan 区域的新发现。此外，还成功评价了一个含油气构造。巴西利布拉项目 NW1 井的钻探坚定了区块勘探评价的信心。这些成果的取得展现了我国石油公司近年来海外勘探的广阔前景。"

第3节　国内学术界对于墨西哥湾地区的研究

海外尤其是美国关于墨西哥湾的新技术有非常多的研究，可以对我国的深海钻井研究提供很好的借鉴。全世界盐下钻井搞得最好的就是墨西哥湾地区的钻井，深井高温高压工作环境极为恶劣，对于设备和管材都有极高的要求。

国内对于墨西哥湾的研究多集中于地质领域，目前，关于墨西哥湾的钻完井工程研究的文献并不多，尤其是关于墨西哥湾比较先进的膨胀管技术、套管钻井和尾管钻井技术，国内学者涉猎不多，现场应用也很零散。因此应当加大相关领域的调查、研究力度。

表 1-1　根据水深划分的墨西哥湾 2009 年探明储量（据美国能源信息署）

水深/ft	类型	原油探明储量/ $\times 10^6$ bbl	原油探明储量/ $\times 10^6$ m^3	占墨西哥湾探明储量比例	占全美探明储量比例
0~999	浅水	642	102	16%	2.9%
1000~4999	深水	1667	265	41.6%	7.5%
≥5000	超深水	1698	270	42.4%	7.6%
合计		4007	637	100%	18%

表 1-2　根据水深划分的墨西哥湾 2009 年产量（据美国能源信息署）

水深/ft	类型	原油产量/ $\times 10^6$ bbl	原油产量/ $\times 10^6$ m^3	占墨西哥湾探明储量比例	占全美探明储量比例
0~999	浅水	117	19	20.3%	6.1%
1000~4999	深水	260	41	45.1%	13.5%
≥5000	超深水	200	32	34.7%	10.4%
合计		577	92	100.0%	29.9%

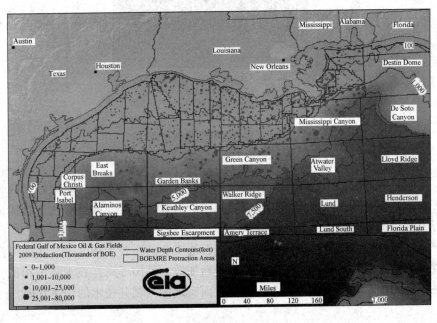

图 1-1　墨西哥湾油气资源分布简图

（据美国能源信息署，2010）

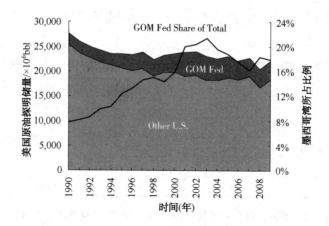

图 1-2   美国原油探明储量及墨西哥湾历年
所占比例(据美国能源信息署)

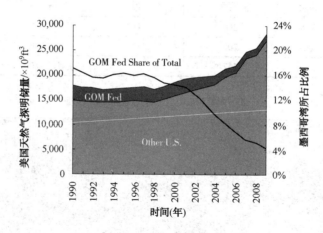

图 1-3   美国天然气探明储量及墨西哥湾历年
所占比例(据美国能源信息署)

　　墨西哥湾地区对于我国的盐膏层钻井具有重要的借鉴意义,研究好墨西哥湾地区的钻井技术和工艺不仅能间接指导我国的盐膏层钻井,而且有利于直接指导进行墨西哥湾地区的油气开发。

　　学习国外的先进经验仍然是目前我国石油工业的重要工作之一。我国海洋钻井技术的技术储备与美国、挪威、英国、新加坡、韩国等海洋技术强国相比,仍存在一定的差距,应当正视这个现实,从而实现国内钻井技术的快速发展。

第2章 墨西哥湾基本地质情况

第1节 墨西哥湾地质构造特征

1. 墨西哥湾地质概况

墨西哥湾地质构造相比其他成熟开发的海域更为复杂。通常来说，墨西哥湾深水区整体上岩性分为分3段：

（1）上部泥砂岩、砾岩段；

（2）中部复合盐膏层段；

（3）下部储层砂岩段。

墨西哥湾深水盆地主要接受了中生代以来的巨厚沉积。新生代的沉积主要为陆源碎屑岩；白垩系上部主要为碎屑岩夹泥灰岩和白垩；白垩系下部以碎屑岩为主，上部为碳酸盐岩；上侏罗统底部为碎屑岩，中部主要为碳酸盐岩，上部多为碎屑岩；中侏罗统以发育厚层盐岩为主要特征。

墨西哥湾深水盆地的盐岩十分发育，基本上覆盖了整个墨西哥湾的深水区。盐岩活动也非常剧烈，盐底辟强烈刺穿甚至达到接近现今的海底。另外，在新生代地层中还有一套特殊的地层，就是侏罗系的盐岩，在后期构造和沉积作用下被挤入新生代地层中，形成规模巨大的盐篷、盐株、盐席、盐墙、盐焊和盐舌等次生盐构造，而且由于盐岩的发育和构造样式的复杂多变，使得在整个深水盆地的海底地貌崎岖复杂。墨西哥湾深水盐丘按照是否运移来划分，可以分为两部分：外来侵入盐丘（allochthonous salt），以及原地未转移盐丘（autochthonous salt），其中外来侵入盐丘对钻井产生的影响比较大。

墨西哥湾盐岩地质构造复杂，岩层厚度为1000~4500m，深度分布不等，其范围为2000~8000m，地层压力高达180MPa，温度为200℃。墨西哥湾盐层具有低蠕变、高纯度的特点，有些氯化钠的纯度高达97%。作为一种被钻物质，泊松比为0.25~0.5，密度为2.0~2.1g/cm³，盐岩单轴抗压强度相对较低，为20~24MPa。

墨西哥湾深水盆地的油气勘探具有明显的分带性，不同的勘探区带在深水盆地的平面分布存在较强的规律性，主要包括传统的中新统勘探区带、上新统勘探区带和古近系 Wilco* 勘探带，以及近年来涌现出来的深水白垩系勘探区带、超深水盐下上新统勘探区带和东部深水侏罗系风成砂勘探区带。无论哪个勘探区带，其圈闭类型和油气成藏均与盐丘具有切的联系。

根据图 2-1 可以清晰地看到，海水 1000ft 等深线和 5000ft 等深线中间的，也就是深水区，比较活跃的勘探区域有(从东至西)：密西西比峡谷(MC)、Atwater Valley(AV)、绿色峡谷(GC)、Gardon Banks(GB)、East Breaks(EB)，以及阿拉米诺斯峡谷(AC)等。这 6 个大型勘探区基本涵盖了深水区盐丘盖层所覆盖的区域，其中密西西比峡谷(MC)和绿色峡谷(GC)两个区域是勘探较为活跃的地区，也是主力产油区，自然成为我们研究的重点地区。

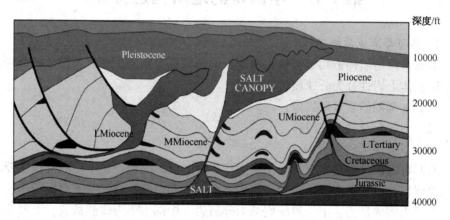

图 2-1　墨西哥湾地区典型地质剖面(据哈里伯顿公司)

表 2-1　GoM 深水区和盐丘盖层简要特征(据哈里伯顿公司)

墨西哥湾深水区	墨西哥湾盐丘盖层
在 2008～2015 年期间，美国墨西哥湾深水区产油量超过 40×10⁸bbl(≈ 6.36×10⁸m³，平均每年产油量 7950×10⁴m³)，是世界上产油量最高的地区之一。墨西哥湾深水区产层被巨大的盐层所覆盖，为该地区最为显著的地质特征。墨西哥湾深水区的新近系中新统、下第三系的油气开发环境之复杂、条件之恶劣，几乎涵盖了石油工程所有门类中的工程复杂问题。 虽然墨西哥湾深水开发难度为全球之冠，但由于该地区的原油产量奇高，所以墨西哥湾深水区仍不失为巨大的资源宝库	墨西哥湾发育巨量的盐丘体，厚度可达 6096m。盐层对于地震资料成像质量有严重干扰。盐丘侵入上覆岩石引起一系列工程问题，涵盖勘探、钻井、完井和采油

2. 单块油田地质情况分析：以绿色峡谷的"疯狗"油田为例

"疯狗"(Mad Dog)油田(图 2-2)位于新奥尔良海域以南 241km 海域处，绿色峡谷区域的南部，水深范围 1341～2073m。"疯狗"属于盐下油田，产层位于下中新统，垂深达 5791m。该油田的发现井完钻于 1998 年，非常活跃的沥青层对该

6

油田的钻井影响很大。临近区块虽然也有沥青层发育，但是与"疯狗"相比流动性较小，对钻井影响不大。

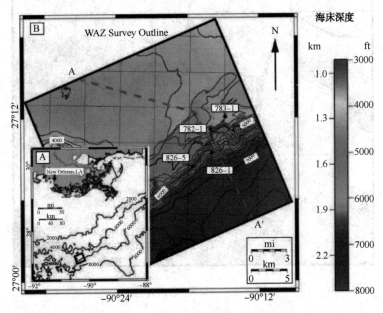

图 2-2 "疯狗"油田地理位置

表 2-2 墨西哥湾深水区中新统和下第三系储层基本特征(据哈里伯顿公司)

墨西哥湾新近系中新统储层	墨西哥湾下第三系储层
墨西哥湾北部新近系中新统储层特征有两点： (1) 盐丘控制的微型盆地； (2) 复杂多变的深水沉积系统。 　　盐丘的侵入让十分复杂的地质情况雪上加霜，更加晦涩难懂，尤其是关键的三维资料。该地区的项目开发必须同时考虑到地质情况的复杂性，以及钻井和完井的成本控制	墨西哥湾下第三系储层的特征有 3 点： (1) 沉积物较老、孔隙度低； (2) 超水深； (3) 井底孔隙压力超高。 　　水深范围为 1524~3048m，目的层深度超过 7924.8m，砂岩含量较高(可达 70%)，厚度可超过 122m，并且通常都被巨厚的盐层覆盖。对于勘探、钻井、储层评价、试井和完井等工程来说，下第三系的各种极端条件对与各项技术的适应能力有极大的考验。很多工程问题都是别的地方所没有的，各个环节出现问题都有可能推迟最终的投产时间

　　"疯狗"油田开发平台位置选在了构造最高点，这符合井位设计的一般原则。但是这里的盐层也最厚。"疯狗"油田是断层圈闭，油田并未受盐丘直接影响。"疯狗"油田的地质构造是墨西哥湾比较典型的地质构造，盐下发育油藏。同时也有沥青层发育，对钻井干扰严重。

7

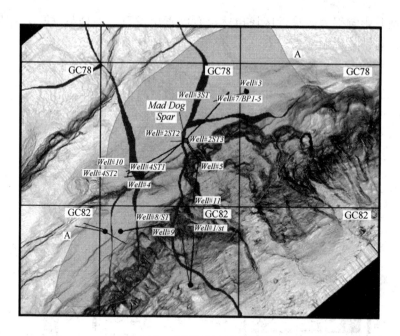

图 2-3　"疯狗"油田井位图

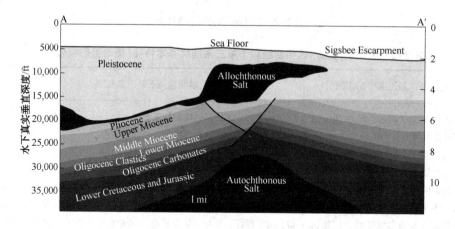

图 2-4　"疯狗"油田地质剖面

第 2 节　岩性特征、盐层分布特征

1. 墨西哥湾深水区岩性特征

墨西哥湾地区的盐岩特征是组分（表 2-3）比较纯净，纯盐组分几乎均占 96% 以上，杂质较少，几乎不含石膏。

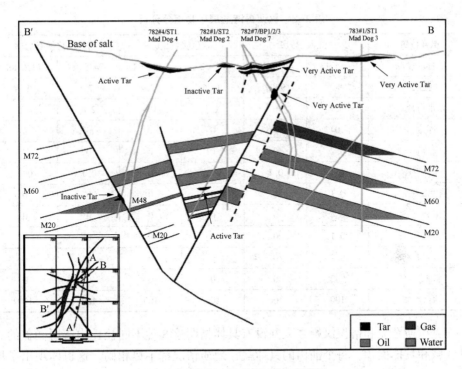

图 2-5 "疯狗"油田开发层位示意图

　　浅层可能会有比较坚硬的碳酸盐岩,对钻速有所影响。一般来说,盐岩钻井比较简单。盐上部分大部分钻井公司追求"又快又直",有的公司在直井段就采用旋转导向系统导向,追求精准并节省时间。出盐时会遇到很多地层压力问题。

　　还会在浅层遇到一些沥青矿物,对钻井影响比较大(如"疯狗"油田就有沥青矿物发育)。沥青流动性大,对钻井和固井的影响都很致命。

　　2.墨西哥湾深水区盐丘分布特征

　　克里斯登克和格拉汉姆等人将墨西哥湾的盐丘构造区域分为8类:

　　(1)深盐丘盆地和盐丘推覆体区域;

　　(2)坡地多褶皱带和阿拉米诺斯峡谷重力最低区域;

　　(3)始新统和中新统地区的接缝区域;

　　(4)由沉积中心构成的"鸡蛋箱"区域,被较旧的盐丘和较新的微型盆地所分隔;

　　(5)盐丘和与之相连的沉积中心组成的区域;

　　(6)密西西比峡谷和亚特兰蒂斯水域,以及褶皱带区域;

　　(7)希格斯比盐丘裂变区域和外来盐丘硬壳盆地区域;

　　(8)不同年代地层接缝处和盐丘之间的缓坡区域。

表 2-3　墨西哥湾盐层矿物组分分析

试样位置	"红人"盐层		绿色峡谷盐层		密西西比峡谷盐层	
试样深度/m	3054.13	4078.27	2889.23	4437.94	3419.9	4306.88
盐/%	96	99.9	95.6	98.4	97.1	99.4
无水石膏/%	1.7	0	4.4	1.6	2.8	0.5
钾盐/%	0	0	0	0	0	0
白云岩/%	0.2	0	0	0	0	0
石英/%	1.1	0.1	0	0	0.1	0.1
含水石膏/%	0.1	0	0	0	0	0
伊利石/%	0.4	0	0	0	0	0
赤铁矿/%	0.1	0	0	0	0	0
方解石/%	0.2	0	0	0	0	0
斜长石/%	0.2	0	0	0	0	0
合计/%	100	100	100	100	100	100

　　克里斯登克和格拉汉姆二人并没有具体指明这 8 种不同盐丘构造所涵盖的具体区域和具体面积，每个油田的具体盐丘地质情况都不尽相同。这也体现出了墨西哥湾地质情况的复杂性。图 2-6 简要展示了墨西哥湾盐丘盖层的分布。图 2-7 所示为斯伦贝谢所属西方奇科公司提供的盐丘盖层三维模拟图，可见盐丘底部的图像不甚清晰，这也影响了盐丘下部钻井的井控，因为盐丘下部经常有碎屑区域和低压区存在，经常造成无意间的井漏。

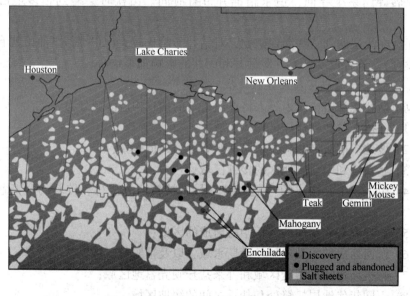

图 2-6　墨西哥湾盐丘盖层简要示意图

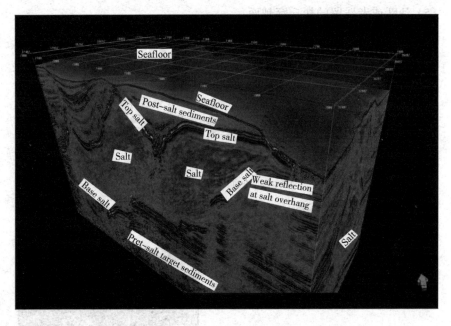

图 2-7　盐丘盖层构造三维示意图(据斯伦贝谢公司)

OTC20937 文献中对墨西哥湾盐丘的分布论述颇为详细。SPE95621 也对墨西哥湾盐丘分布做了叙述:

(1) 德克萨斯州沿岸范围内的盐丘。德州海域的一般是直接从原生盐丘中刺出来,形成倒立的锥形,相对比较简单。打这种盐层需要穿透像植物块状茎根的构造,一般就直接从盐层打直井,或者打一口定向井穿过盐丘。

(2) 路易斯安那州海域以及路易斯安那、德克萨斯州交界处的海域浅海和中间大陆架地区则比较复杂了。这个区域经常有次生的底辟、刺穿作用,刺穿的盐层源自流动盐丘。因此地质构造常常变得很复杂,钻井设计也随之变得非常困难。

(3) 再深处到达中坡,外来侵入体盐层经常含有多层,不同的岩层之间被垂直的和倾斜的盐侵所连接。由于该地区盐丘侵入活动非常频繁,形成了大量的盐丘不整合面,随之形成了优质的油气储层。

(4) 至大陆架缓坡后,上覆盐层变得很厚,连接在一起形成著名的"西格斯比"盐盖(Sigsbee Salt Canopy)。巨厚盐层下面有很多勘探的有利区。

盐丘接触面的分类为:

(1) 页岩鞘层;

(2) 盐上背甲层;

(3) 盐下坚硬黏土层;

(4) 盐下或者穿盐丘的碎屑岩/角砾岩层;

（5）活跃或者残留的盐丘穿越面；

（6）真正的盖层。

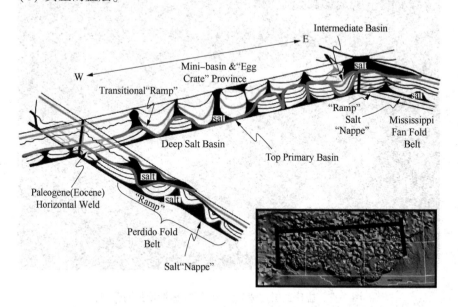

图 2-8 墨西哥湾沉积盆地构造简图

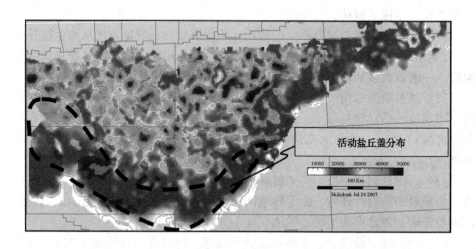

图 2-9 墨西哥湾地区上覆盐丘深度示意图

3. 盐膏层的蠕变和地质影响

盐膏层的蠕变对于钻井和固井都有直接的影响。

根据第一节中做出的地质分析，可以知道墨西哥湾越向深海地区打井，盐层的厚度可能就越大，因为底层盐丘的刺穿作用越往南约强烈。

随着墨西哥湾深水油气不断被发现，流动盐丘体(上覆盐丘体)构造受到了越来越多的关注，因为巨量的油气资源就隐藏在这些盐丘体所形成的圈闭之中。而盐丘体的存在对于地质力学的一些基本原理也有巨大的创新。

好在墨西哥湾深水区的钻井活动非常频繁，钻井工程师们对于墨西哥湾关于盐丘方面的风险进行的研究也很多。盐丘的厚度虽然都非常大，但并不是难以逾越的工程问题。而且由于墨西哥湾地区的地层最大主应力往往都是垂直方向的，盐丘蠕变造成的缩径和套管损害虽然严重，但和其他地区相比，并不是算是最为棘手的。

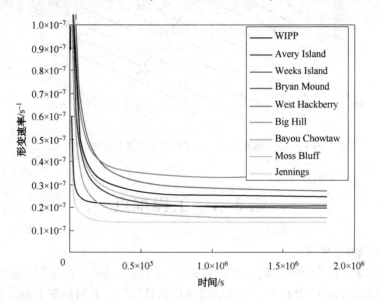

图 2-10 废弃物掩埋中心和战略石油储备中心两个机构对盐岩蠕变性的研究

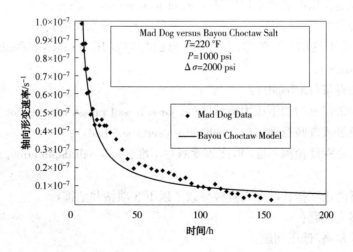

图 2-11 "疯狗"地区盐岩的蠕变与 Bayou Choctaw 模型的对比

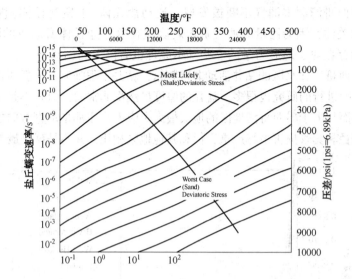

图 2-12　随着温度压力变化带来的盐丘蠕变特征

第 3 节　工程难点

1. 工程难点概述

图 2-13 比较直观地反映了盐丘可能造成的钻井风险，很显然，这些风险都与地层压力和岩石压力有关，与盐层的存在息息相关。下面从左上角开始逆时针逐一说明由于盐丘的作用引起的钻井地质危害：

（1）构造作用形成的不稳定带（area of tectonic instability）；

（2）破碎岩石带（rubble zone，形成于受限制的脱水作用）；

（3）"看不见的"盐翼伴随着圈闭形成的超高压力（invisible salt wing with trapped pressure）；

（4）沥青带（tar bands）；

（5）非常常见的盐下压力突减区（major sub-salt pressure regression）；

（6）横卧或者倾覆地层（recumbent or overturned beds）；

（7）盐底深度预测不准（声波幅度测井不准，base salt depth error，velocity uncertainty）。

墨西哥湾地区盐丘的存在直接导致了以下 3 项钻井危害：

（1）漏失问题；

（2）异常高/低压问题；

（3）缩径或井眼不稳定。

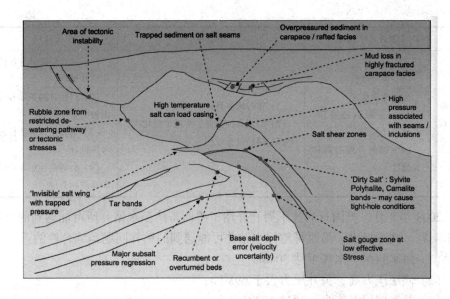

图 2-13 地质力学上盐层和盐层下可能产生的钻井地质危害

在钻进、通过和钻离盐膏层的过程中可能会遇见上述的一项或者几项风险。为克服这种风险需要付出巨大的努力和代价。可能多下至少两层中间套管，可能还会造成很大的资金和时间损失。大量的研究都围绕着这 3 项危害展开论述，本章先作综述，然后分别展开进行介绍。

表 2-4　墨西哥湾盐丘钻井工程难点(据哈里伯顿公司)

	新近系中新统	古近系	上覆盐层
储层综述	墨西哥湾北部新近系中新统储层特征有： （1）盐丘控制的微型盆地； （2）复杂多变的深水沉积系统。 盐丘的侵入让十分复杂的地质情况，更加晦涩难懂，尤其是关键的三维资料十分复杂。该地区的项目开发必须同时考虑到地质情况的复杂性，以及钻井和完井的成本控制	墨西哥湾下第三系储层特征有： （1）沉积物较老、孔隙度低； （2）超水深； （3）井底孔隙压力超高。 水深范围为 5000～10000ft（1524～3048m），目的层深度超过 26000ft（7924.8m），砂岩含量较高（可达 70%），厚度可超过 400ft（122m），并且通常都被巨厚的盐层覆盖。对于勘探、钻井、储层评价、试井和完井等工程来说，下第三系的各种极端条件对与各项技术的适应能力有极大的考验。很多工程问题都是别的地方所没有的，各个环节出现问题都有可能推迟最终的投产时间	墨西哥湾发育巨量的盐丘体，厚度可达 20000ft（≈6096m）。盐层对于地震资料成像质量有严重干扰。盐丘侵入上覆岩石引起一系列工程问题，涵盖勘探、钻井、完井和采油。每口单井都需要单独的设计，钻盐层要遵循设计流程，要慢。同时完井设计要考虑到尽量延长免修期

	新近系中新统	古近系	上覆盐层
钻井工程难点	(1) 窄密度窗口； (2) 井眼稳定； (3) 井眼轨迹复杂、不易设计； (4) 如何合理提高钻井速度	(1) 建井成本高； (2) 储层孔隙度低、渗透率变化大； (3) 储层位置过深	(1) 钻盐层需要仔细优化钻井设计； (2) 对钻具的振动和冲击较大； (3) 钻离盐丘需要仔细考虑设计； (4) 会遇到预想不到的沥青或沥青层

2008 年 8 月，美国石油技术周刊介绍了墨西哥湾深水钻井所可能遇到的工程技术问题。文章指出，墨西哥湾深水钻井可能遇到的钻井问题是综合性的：

(1) 海水较深，水深可达 3048m；

(2) 储层压力高，关井压力大于 69MPa；

(3) 井底储层温度高，超过 177℃；

(4) 容易遇到复杂地层，如盐膏层和沥青层等；

(5) 储层较深，可超过 9144m；

(6) 砂岩储层较为致密，常低于 $10 \times 10^{-3} \mu m^2$；

(7) 井筒多项流的控制措施与其他油田不同。

图 2-14 直观展示了墨西哥湾深海钻井的各种风险。首先，海面状况很复杂，海况差，经常有狂风暴雨和飓风。其次，深海里的环流和漩涡经常导致海水中的立管发生振动，钻柱也容易被带错位。墨西哥湾如期而至的飓风是也会使油田开发者焦头烂额。

除了海水的影响，钻井钻入地层后还存在有其他的工程问题，泥线以下的浅层里可能会有超高压气层，进入盐层会有几乎无法预测的圈闭性沉积物，盐下的压力变化非常剧烈，"贼"层含有异常低压，会导致严重的甚至无法弥补的漏失。最后，超深的储层经常伴随超高温和压力，以及很差的流体流动性。

2. 井控问题

1) 漏失

盐层钻进过程中遇到的挑战与盐体的独特性质有关。盐层即使在被埋藏之后，仍然还能保持相对较低的密度。随着时间的推移，同一深度及更深处的其他地层的密度会随着上覆地层的增加而增大，盐层密度常常低于周围地层或盐下地层的密度。如果上覆沉积物无法阻挡盐的运移（墨西哥湾经常出现这样的情况），盐体就会上升。盐体的这种运移会在盐底和盐体侧方形成一个难以模拟的压裂碎石带。由于孔隙压力、破裂梯度以及天然裂缝的存在及规模都难以预测，因此要想在钻出盐底的同时实现井控难度很大。

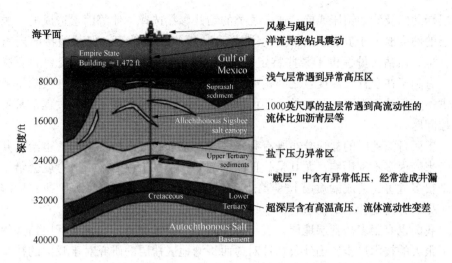

图 2-14　墨西哥湾超深水地区钻井可能遇到的工程复杂情况

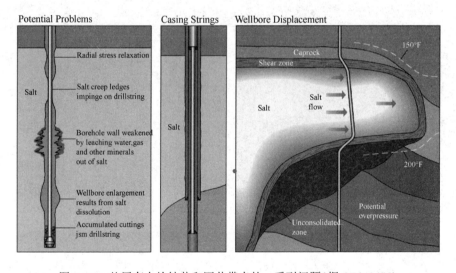

图 2-15　盐层存在给钻井和固井带来的一系列问题(据 OTC19656)

2) 井眼稳定工程难点

在持久的恒定应力下,盐体的形态会随着时间、负荷条件及其物理特性的变化而产生显著变化。这种现象被称为蠕动,能够使盐体侵入井筒,占据被钻头钻出的那部分体积。尤其是在高温条件下,盐体的这种侵入速度可能快到足以引起卡钻的程度,从而可能最终导致作业公司不得不放弃该井或对其实施侧钻。

3) 钻具由于振动失效

另外,含盐层段钻井可能会加剧井底钻井环境中固有的冲击与振动现象。这种现象可能是由工具选择不当和井下钻具组合设计不合理、钻井液设计不合理、盐层蠕动以及诸如钻压或旋转速度之类的钻井参数选择不佳等因素造成的。虽然盐层的硬度要大于其他大多数地层的硬度，更难以被钻入，但其独特的岩石性质，也给司钻人员提供了某些特定的优点。例如，盐体通常具有较高的裂缝梯度，有利于在套管鞋深度点之间钻更长的井眼段；盐体较低的渗透性质除了能够提供稳定的油气圈闭机制之外，还可以有效消除高渗透率地层钻井过程中常见的井控问题。

墨西哥湾地区的盐丘分布既有利于蕴含大量的石油天然气资源，也给钻井工程带来的很多不利影响，尤其是盐丘盐下部分，一旦工程措施不得力就会给钻井带来很多危害，造成漏喷塌卡等事故。在钻井前做好事故预防，仔细研究地震资料，尽量弄清楚盐下的构造有助于快速顺利钻井。

我国也有很多盐膏层地层，近年来国内钻井技术服务公司在盐膏层钻井领域有了很大的技术进步，国外公司针对墨西哥湾地区盐层的研究对于我国的盐膏层钻井具有很好的启发意义。

第3章 墨西哥湾超深水地区钻完井工程所面临的主要工程问题及解决思路

第1节 工程问题概要

随着墨西哥湾的深水勘探开发不断推进，墨西哥湾深水区的钻井工程每年都出现了很多新的工程问题和难点。很多钻井平台的水深超过2438m(≈8000ft)甚至更深，钻井深度也往往超过了9144m(≈30000ft)。

这些超深钻井的钻完井施工会遇到很多困难，首先对钻机的能力要求很高，钻机能力如果不够，便打不了超深水的储层。即便是比较先进的钻机达到能力要求，钻井过程中也会受到诸多限制，比如立管承压能力便会受到水深限制，钻井液的密度不可能过高，钻机大钩的承载能力也受限制，在深海钻井钻管柱总质量超过454t的比比皆是。

深海钻井工程本身也有诸多挑战，如高压高温，管柱层级复杂，地层不稳定，井眼不清洁，焦油层的突然干扰，较厚的盐层，井眼常常需要扩孔，钻井过程中评价钻井效果较为困难，等等。

表3-1 墨西哥湾地区深海钻井比较典型的工程设计原始数据

水深	>8000ft	纵向渗透率	0
储层深度	>26000ft	产层压力衰减	>3000psi
储层压力	>2000psi	产沥青	生产末期可能出现
储层温度	>260℃	结垢	不确定
储层厚度	>1000ft	腐蚀	不确定
产品	原油	离海岸线多远	100mi 以上
黏度	>10cp	生产设施	FPSO
泡点	1000psi	生产年限	大于25年
横向渗透率	<150×10^{-3}μm^2		

注：(1) 1cp=1mPa·s；(2) 1mi=1.61km。

深海完井工程更为关键，一方面要保证完井质量，同时还要兼顾将来投产后，一旦出现需要大修的情况，施工是否方便。

上述深海钻井出现的问题，墨西哥湾地区的钻井工程师们给出了一些实际钻井中的解决案例，在这些案例中有一些针对实际问题的建议和意见。应当注意的是，钻井工程本身非常复杂，不可能针对所有的工程问题都有"包治百病的灵丹妙药"，而且应当看到墨西哥湾深水钻井中的很多工程问题还远远没有到达可以轻易解决并克服的程度。墨西哥湾钻井的高昂成本促使我们不断总结检讨钻井工程的问题，同时着手沿着正确的思路来克服这些问题，一个小小的工艺进步就可能带来上百万美元的成本节省。案例研究和广泛的行业内部讨论对于行业整体而言大有裨益。

第 2 节 复杂性矩阵介绍

墨西哥湾地区的勘探新发现往往令人激动不已，但是投资人却时常忽略了墨西哥湾的开发难度。密西西比峡谷等地区以及其他一些地区的勘探前景总体来说非常好，但是开发过程中既要保证安全、井眼稳定、储层评价、预算的基本要求，又要克服种种不利工程条件进行经济、有效开发，工作非常困难。即便摸清楚了地质构造，选择比较理想的井位也不容易，不仅要考虑海底的自然条件与地形构造，同时还要考虑浅地层的种种风险因素，综合考量来选择钻井平台的锚定位置。

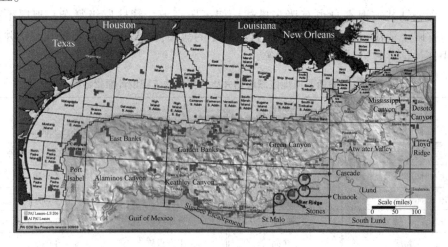

图 3-1 墨西哥湾区域地图

图 3-2 所示为钻井工程设计的复杂性矩阵，横、纵坐标分别表示垂深和位移，数据来自于墨西哥湾地区的实际统计数字。根据这个矩阵可知在做开发方案

的时候，必须综合考量计划、跟进和反馈这 3 个方面的良好互动，这样做的目的是尽量减少非生产时间，并且缩短建井时间和成本。为了高效开发墨西哥湾油气田，工程师们引入了 PDCA（Plan—Do—Check—Act）流程的概念，PDCA 在油田开发中的流程为：先做计划，包括比较详尽的地层压力模拟和钻井参数计划；其次，实时跟进地层压力参数和钻井参数，同时采取预防和纠偏措施，克服实际钻井过程中钻井参数变化对钻井带来的不利影响；最后，对未来的作业计划进行反馈和指导。

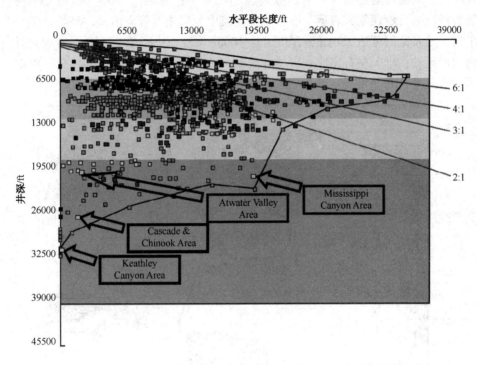

图 3-2　斯伦贝谢公司总结的"目前行业的最大能力：能在多深的海水中
钻多深的井"（墨西哥湾地区）

　　此外，完井工程设计对于墨西哥湾地区而言也至关重要，对于超深、超高压的致密储层进行增产措施是相当困难的。墨西哥湾地区古近系储层的完井工程难度系数不低于钻井工程。如果没有临井的对比数据和生产历史，每一口井的完井设计都要经常改动，因为很多工程可能会受到不确定性因素的影响。

　　除了上述钻井工程和完井工程难度系数很高之外，墨西哥湾地区的恶劣气候也会造成很多时间的延误。有的研究人员提到"墨西哥湾的惊涛骇浪常常不期而遇，而且伴随着强烈的环流和巨型旋涡。造成的经济和时间损失都非常大。不仅仅是巨浪，墨西哥湾的飓风天气也是难以精确预测的，造成的损失非常大，乃至于油田的操作者宁愿熬过飓风季节再开工干活。"

第3节　气候状况——常常造成难以预料的损失

墨西哥湾地区的飓风天气举世皆知，对于油田开发影响甚巨，但是洋流本身的旋涡和巨浪造成的影响同样存在，不可忽视。

本书所指的"洋流"指的是墨西哥尤卡坦半岛发育的暖流，常年有规律地沿顺时针方向流经墨西哥湾，有时候还流出佛罗里达海峡。"环流"指的是一种伴随着洋流的自然现象，表示一股水流从洋流中分离或者脱离出来。环流现象一旦出现，波及范围可达250km，深度可达1000m。环流一旦形成，会沿着顺时针方向向西运动，十天左右完成一次循环流动。一次环流影响从开始到消失持续时间可以为几个月到一年。

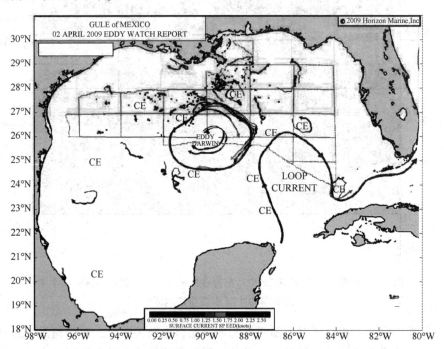

图3-3　地平线海事公司提供的2009年艾迪飓风云图(扫过沃克山脊和
凯思立峡谷地区，据地平线海事公司)

在沃克山脊E区域的一次钻井作业活动中，一座固定钻井平台仅仅由于环流的影响，导致了简单的下锚工作耗时过长。整个作业用时13天，由于气候原因造成的停工时间达到了224.5h，占总工期的72%。由于气候原因所导致的锚定工作不连续，也可能会造成锚定本身质量不达标，从而带来工程隐患，如此计算下损失较大。由于气候条件造成的工程延误，不仅仅带来成本的提高，也会导致其他的工程延后，造成开发计划的推迟以及不能尽早投入生产。为了应对洋流带来的工程延误，可以采用更加严密的气候监控措施，尽可能地精确预报可能的洋流或者环流运动干扰，这都要求在钻井计划阶段就有充分的气候大数据支撑。除此之外，操作公司还需要多备份几个开发计划，如果一口井真的由于气候风险不能如期开工，则可以将钻机先搬至别处，首选在风平浪静处施工，直至原来的井位环流消失后再回原地。

洋流和环流在墨西哥湾地区常年都会发生，但是比起飓风气候，其影响稍小，大部分在墨西哥湾的从业人员都对飓风气候非常熟悉，也常谈之色变。每年6~11月，墨西哥湾地区的很多作业活动都不得不停止，只有部分不受气候干扰的地区能够继续施工。

我们还记得，2005年的卡特里娜和瑞塔飓风曾经沉重打击了石油从业人员面对恶劣自然条件坚持施工的信心。对飓风的精确预报和每日天气预报对于海洋石油行业来说具有极其重要的意义。如果飓风来临，同时还伴随着环流，那么施工条件将十分恶劣，很多作业者会放弃在这一时期钻井作业。这样导致的后果就是墨西哥湾秋冬季节来临之际，闲置在避风港的钻机和钻井船非常较多。

然而，如若操作者由于合同或者合作方的执意要求，或是由于钻机短缺等原因，不得不选择在飓风季节进行钻井开发，那么对于飓风进行充足的应急预案和预测便非常重要，其重要程度不亚于开发作业本身。

2008年的古斯塔夫和艾克飓风给很多海上作业者带来了麻烦。飓风来临不仅造成大量生产平台被迫关闭，很多钻井工程也不得不中断。这两拨飓风分别在2008年9月1日和9月13日刮向墨西哥湾，根据有关部门的统计，452座生产平台被迫疏散(共有717座生产平台)，81部在钻钻机被迫疏散撤离(共有121座在钻钻机)。由于古斯塔夫和艾克飓风发生相隔时间过短，仅有十几天，导致很多钻机刚刚躲过古斯塔夫飓风回到原地，便又遇到了艾克飓风，因而只得再次回港避险。

第4节　缩短工期的有效途径——运用PDCA实时监控方法

恶劣的自然环境会造成很多的非生产时间延误，对于墨西哥湾深水钻井来说还有很多其他的延误因素，其中最大的因素就是工程技术方面造成的。绝大部分非气候造成的工程延误是井下事故，因此应当不断提高工程作业水平，尽量减少费时而且成本高昂的作业打捞等事故处理工作。

PDCA工艺流程的核心是实时监控钻井作业，及时不断获得整体工作情况反馈，及时纠正作业偏差，最终能够缩短作业时间，并最大程度降低与原定钻井计划之间造成的偏差。

墨西哥湾地区的地质状况较为复杂，导致钻井工程设计和钻井地质设计都比较困难，PDCA流程在钻井地质设计环节要求的重点是监控地层压力，在钻井工程设计环节要求的重点是钻井参数优化。本节将简要介绍PDCA的设计思路。

1. 钻井整体计划(Plan/P)

钻井整体计划阶段包括钻井设计和模拟钻井过程(Drilling Program及Drill Well on Paper, DWOP)阶段，其中包括非常详尽的工程操作和地质模拟操作。如果数据库够大的话，钻井设计可以不断更新最新的井下数据，数据来源可以是井下地震资料、临井的声波测井资料。图3-4表示的是比较典型的墨西哥湾地区的地层压力剖面。从图3-4中可以比较清晰地看到深部底层的异常高压区，以及窄密度窗口。

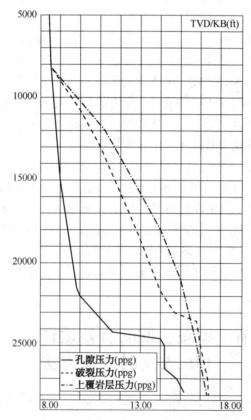

图3-4　墨西哥湾深水地区比较典型的地层压力曲线

地层孔隙压力预测工作是钻井优化设计的基础，而钻井优化设计是每口井必做的工作。一般来讲钻井优化设计包括：水力参数设计、最大排量和最小排量、携岩最低排量、井眼清洁相关参数、循环当量密度(ECD)、钻头水力参数、扭矩

24

和大钩载荷、钻压、转速、划眼需要的转速、震动转速以及井下钻具组合井下工具组合等。

2. 钻井过程实时监控（Real Time Monitoring D-C）

在钻井过程中钻井参数和 LWD 的实时数据都被传递回地面，工程师可以用实时数据来比对钻井计划作出的模拟数据。在墨西哥湾超深水钻井过程中，这种实时比对是非常重要的日常工作之一，因为钻井日费非常的昂贵。图 3-5 中表示的是这种实际和计划数据的比对如何降低钻井的成本。其中有一张表显示了一口墨西哥湾超深水井的 LWD 测井曲线，曲线反映出井下出现了钻具震动。测井曲线也反映了井深超过 5029m 后，钻井的黏滑效应非常明显。但是如果将转速从 126r/min 增加到 148r/min（这是在钻井设计允许范围之内的），黏滑效应就会大大减少，平台上转盘的扭矩力也随之变得十分平缓稳定，从而避免了对地面设备和钻机不必要的损坏。钻具震动现象在盐层钻井中非常普遍。

3. 实时修订计划（Register Deviation and Review Planing，C）

一旦实际施工中的各项钻井参数与计划相比发生偏离，钻井方案就必须根据实际情况修订，如不能及时更改就极易造成井下事故。一个墨西哥湾地区比较常见的例子就是，钻进过程中突然钻遇沥青砂岩层（沥青层不多见但分布不规律，经常会遇到，且危害很大），这时候必须立即启动相关的应急计划改变原来的施工方案，否则若按照原来的施工方案继续，则定会造成井下事故或工程延误。

4. 钻井经验教训总结（Final Reports and Lessons Learned）

在钻井过程中遇到的所有设计偏差都必须根据实际参数进行修正，如果偏差可以人为控制，那就必须在下一口井钻井工程设计过程中采取预防性措施，以利于将来的工作。这项工作一般要写到钻井工程总结报告里，这份总结报告对于该地区的未来开发帮助很大，所以这项工作应当重视起来。

PDCA 工艺流程如果能够有效实施将会大大减少非生产时间，但是 PDCA 流程的实施也并不容易。首先，需要钻井工程各个部分通力配合，钻前工程、材料准备、钻井液方案、钻井地质方案、HSE 方案、地面监控方案等各部门都要通力配合，这样才能覆盖整个钻井流程。有的深井牵扯的部门和人员太多，这样就需要有专门的协调联络机构来协调 PDCA 体系的运行，新机构的设立与否可视实际施工情况而定。

第 5 节　钻沥青层可能会遇到的问题

沥青层对钻井施工的危害非常大。沥青焦油通常都是高黏度的沥青质烃类，有的沥青比较活跃，会运移到井眼中，造成井下事故。沥青常常与盐共生，在盐层下部经常发育沥青，有的紧挨着盐层，有的距离比较远。沥青通常在裂缝和断层之中聚集。

沥青层本身很难被发现，所以钻井过程中难以避开。一旦遇到沥青层，则可能导致一系列钻井问题甚至井下事故。沥青流入井筒中后不会慢慢凝固，钻井实践中常常发现即便多次使用扩眼钻头划眼，沥青仍然不断地涌入井筒，而且处理事故的时间越长，沥青造成的损失就越大。

沥青层会给钻井带来巨大的危害，造成巨大损失，使钻井成本飙升。有的井为了躲开沥青层不得不提前固井并开窗侧钻，即便如此，侧钻井仍然可能遇到沥青层并被迫关井。曾经有钻井平台在沃克山脊 29 区块一口名为 Big Foot ST1 井的钻井过程中钻遇了沥青层，导致总计耽误工期 127 天，总损失达 5580 万美元。而在相同区块的另一口井中，由于沥青质流动的干扰，测井管柱无法下入，不得不钻一口侧钻井，测井工程质量才达到设计要求。

沥青层对钻井的危害包括：

（1）沥青层会造成井眼完全堵死，或由于井眼憋压诱发井漏。

（2）沥青层造成缩径使得扭矩增大、大钩负荷增大、抽汲系数增加。

（3）由于沥青层干扰严重，很多时候不得不进行侧钻。

（4）沥青层造成井眼取心十分吃力。即便岩心位于沥青层下部，该井也不易取心。一方面由于取心工具通不过沥青层造成的缩径井段，另一方面即便能够勉强将井下工具提捞出来，取心钻头也可能被沥青堵塞，若不经清理钻头将难以继续使用。

（5）沥青杂质对于固控设备影响十分严重，可能造成固控设备损坏。

（6）沥青杂质会污染钻具，钻井平台要花额外时间进行专门的清理。

（7）沥青层会造成井下钻具震动过度，损坏钻具。

（8）沥青层的干扰如果十分严重，则会造成探井报废，油气田开发中止。

虽然沥青层对钻井的危害十分严重，但是在墨西哥湾地区钻井实践中，钻遇沥青层并顺利钻完和固井的成功案例仍然很多。一般来说，缩短施工时间是对付沥青层的有效手段，钻遇沥青层后应当尽快钻通沥青层并进行固井，越快越好。裸眼段被沥青侵入的时间越长，钻井问题会越严重。除了加快钻井固井速度外，还有其他的方法可以降低沥青层的危害：

（1）加强地质研究，从根源上避免钻遇沥青层。但是实现难度较大，因为现有的地震成像技术和井间地震还无法准确地预测沥青层位置。但是如果该地区钻井数量足够多的话，对于可能的沥青层位置就能做到略知一二，这样在做井眼轨迹设计时可以绕过沥青层。沥青层对于正常钻井进度有严重干扰，在沥青层钻进还要冒着井眼毁坏、施工失败的巨大风险，修改定向井钻井轨迹虽然也要增加很多成本，但与风险成本相比仍然是节省费用的。

（2）加快钻井速度，快速钻进、快速固井。该方法仅限于沥青层不是很厚而且不容易形变的情况，在这种条件下快速通过和固井可以成功施工，且不会引起很多问题。

（3）注意套管鞋的选用。固井施工时选用超重套管，套管鞋配上特制的刮泥器（cookie cutter），有利于降低沥青形变带来的阻卡。

（4）注意尾管工具的选用。现在有一些沥青层尾管钻井工具已经投入使用，如 Robust Liner Running Tools 等。

（5）合理控制钻井液密度。在某些情况下，增大钻井液当量密度可以控制住沥青的蠕变，钻井液当量密度可以加大到上覆岩层当量密度，但是钻井液密度过大也会带来诸多问题，因此在实际现场施工中要统筹考虑。

（6）合理选用钻头。考虑使用对钻沥青层更有效的钻头，通常来说是切削能力很强的钻头（aggressive PDC bit）。

第6节　墨西哥湾地区针对古近系的完井工艺

墨西哥湾中新统构造是最早的主力含油构造，已经勘探开发多年。古近系储层开发较晚，因此该构造完井工艺受中新统储层完井工艺影响颇大。古近系储层地质条件更为恶劣，开发成本也很高，已经近于经济极限，这些限制因素促使古近系储层不能单纯照搬中新统的开发工艺进行完井，必须寻找更为经济有效的完井工艺。

表 3-1 所示为古近系储层的一些基本完井设计参数，这些参数决定了古近系储层完井工程设计原则，本小节着重介绍几种不同的完井工艺，因为具体施工条件限制了工程决策，设计方案不可能固定为某一种特定工艺，只能是因地制宜、井井不同。

1. 管材钢级的选择

完井管柱钢材的选择取决于两个条件：（1）MDT 测试取样器中的取样结果，可以测定储层流体（油、气、水）的物理、化学性质；（2）预计生产时间，墨西哥湾地区一般是 25 年以上。钢级的选择，必须同时考虑这两个条件的限制。在一次实验中，工程师模拟了实际井下的情况，BS&W❶ 实验值调整到了 70%，腐蚀模型显示碳钢作为生产套管可以满足要求，但是完井管柱和生产油管的钢级必须满足 NACE（美国腐蚀工程师协会）标准：生产管柱钢材的湿分含量为 13Cr1Mo；除了生产管柱，其余部分的抗拉强度应当高于 80ksi（1ksi = 6.895MPa）。

---

❶根据斯伦贝谢公司的标准定义，BS&W 指的是"Basic Sediment and Water"，直译成汉语是基质杂质和水。随后斯伦贝谢公司详细解释了 BS&W 的测定过程必须是"对测试管住的原始样本进行检测"，BS&W 中包括了"自由水、固体杂质和乳状液"，含量指的是体积分数而非质量分数。

Lower Completions 即下部完井工具。威德福公司将 Lower Completion 概括为包括连续油管增产措施、组合型桥塞封隔器、裸眼封隔器、压裂增产用滑套等工艺和设备的集合。

2. 下部完井工艺

对于古近系储层的完井工艺已经有较多的工程实践，定向井、水平井、裸眼完井和射孔完井等方面都有很多成功案例，各家油田服务公司也对这些案例进行了充分的技术讨论，也初步形成了一些基本的完井原则。对于下部完井工艺，一般来说采用的是套管低斜度水泥固井完井，然后进行分段射孔、分段水力压裂，最后砾石填充防砂完井。

根据完井工程实践，墨西哥湾古近系油藏的压裂支撑剂需要很高的强度，因为流速（35bpm）和压裂液井下浓度（100×10^4 lb，1lb = 0.45kg）都很高。和北美陆上常规油气防砂完井相比，在海上进行相同的工作需要精密的协调、精湛的操作工艺以及对于成本的充分控制。

3. 压裂工具

常规的井下压裂施中工压裂一级需要14天，古近系地层一般有3~6个小层，如果用常规压裂工具压裂耗时太长，海上油田的钻井实行日费制，高昂的成本不足以用压裂带来的增产来抵消。因此，古近系地层采用新型压裂工具的要求非常迫切，需要下一次管柱就能进行多级压裂施工。

4. 射孔

射孔面临的挑战与压裂相当，由于古近系储层厚度超过700ft，因此一次射孔长度往往不能满足要求，需要多次射孔。若要一次射孔的话，常规射孔枪的尺寸无法达到要求。但由于是海上油田，不能占用太长的施工时间。此外，一次射孔还面临一些问题，比如根据美国的相关法规，爆炸物的处理和运送有一些相关规定，对于射孔弹运输量可能存在一些限制。并且一次射开超过700ft 时，对于油管输送射孔工艺（TCP）也是一个不小的挑战，即便射孔成功，但射孔枪和输送油管也会因变形而难以起出。对此，油田服务公司的工程师做了大量的实验，尽量避免大长度射孔带来的不利影响。

5. 工作液漏失控制

古近系储层的工作液防漏失措施是非常重要的，做好工作液防漏措施不仅有利于上部完井措施的成功实施，还能降低堵漏剂的损失风险，而堵漏剂一旦被别的流体替换，则会直接影响正常生产。古近系储层完井后一般不进行完井液返排，因为返排工作需要下特殊的浮鞋以及专用的返排工具，而且要花费大量的时间。因此完井液一般不返排而是直接进行正常生产。正因为如此，保证储层渗透率不下降，保证完井液与地层的良好配伍且底层不受完井液污染非常关键，完井过程中储层保护措施需要非常得力。

6. 上部完井工艺

墨西哥湾古近系储层的上部完井设计比下部完井设计要简单一些，设计过程不需很长时间。但是目前的上部完井工艺从生产效果来看，还存在不尽人意之处。主要问题还是产液剖面划分仍显粗糙，而且对于油井结蜡、结垢预测仍不甚准确。随着该地区钻井数量的增加，油井生产数据也会越来多，在未来的开发中将会不断完善这些问题。

上部完井工艺的主要难点在于以下几个方面：

（1）井下多点化学剂注入工具，化学剂主要包括防蜡剂和阻垢剂；

（2）耐高压井下测试剂，需要承压 25kpsi；

（3）超深井安全阀组。

第4章 墨西哥湾井身结构设计注意事项

第1节 地层压力剖面范例及必封点

墨西哥湾地区的地层压力是世界上比较复杂的地区，由于盐丘的存在，导致地层压力常常难以预测。

1）盐上窄密度窗口区、泥下

首先应当确定有无浅气层和沥青层，有的话应当尽量避免经过这些层位。有的沥青层流动性相当大，能很快将井眼挤扁、套管挤毁。如果地层存在异常高压，则应当及时关井，条件允许时可下一层技术套管封井。

2）盐层异常高压区

盐膏层位是需要重点关注的，是容易出事故的复杂层位。一般来说，墨西哥湾钻井分为盐上、盐中、盐下3个阶段，一般钻遇盐顶就要及时下一层中间套管，有时候钻井设计可能有偏差，这就需要及时监测压力以及循环当量密度变化情况，确定盐层位置。

盐中钻井时如果遇到异常高压应及时关井，视实际情况决定是否下一层中间套管，而且通常要进行扩眼以克服蠕变带来的井陉问题。

3）盐下异常低压区和窄地层/垮塌密度窗口

储层砂岩层常常伴随异常低压区，并且经常是压力突降，难以预测。关于墨西哥湾地区盐下分界线的预测问题是一个热点，目前相关文献成果较多。盐底有时候会遇见异常低压，容易造成井漏，这种情况下也必须关井，及时下中间套管，然后降低泥浆密度并继续钻进。

盐底破碎带也是个复杂的压力剖面。有时盐底不整合面会使得对套管的压力不均衡，极易挤毁套管。

第2节 井身结构尺寸

1. 常规墨西哥湾井身结构

漏失和井眼稳定问题伴随着钻井工业的产生，对于深海钻井而言，浅层的疏松窄密度串口漏失问题尤为突出，若表层套管工期长、套管直径不够，则会对后期的钻井施工损害严重。长时期以来，解决这种问题的思路无非是多下套管封堵不稳定地层，向钻井液中加入堵漏材料。但是随着井越来越深，井的套管层次越来越多，井壁不稳定和漏失的问题也越来越严重，常规方法几乎无法钻达目的层，即便钻到目的层井眼也非常细，即使井眼尺寸可以勉强接受，过多的套管层次也会使得施工时间过长，成本居高不下，很多深层优质油气资源也无法开发。应对这些深层油气资源，常规井身结构设计显然已经无法满足施工需求。

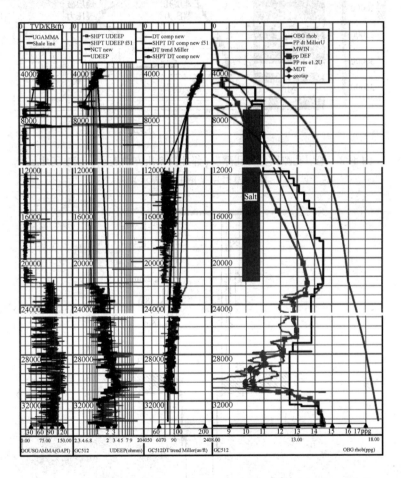

图 4-1　Well#1 BP02 井测井资料和各种不同定义下的地层压力曲线

近十几年来，针对深井开发出了多种新工艺，比如：控压钻井技术（Managed Pressure Drilling，MPD），套管钻井技术（Casing While Drilling，CWD），裸眼膨胀尾管技术（Open-hole Expandable Liners），尾管钻井技术（Liners Drilling），等等。

这些方法都能够节省套管层次、提高钻井效率、节省时间成本，对于深海钻井意义颇为重大。其中裸眼膨胀尾管技术更被认为是 21 世纪钻井工程的核心技术。

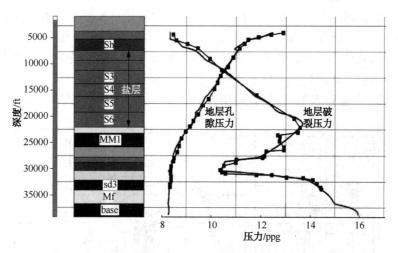

图 4-2 地层孔隙压力与孔隙度(邻井资料用方块表示,该地区地层
压力模型用平滑曲线表示)

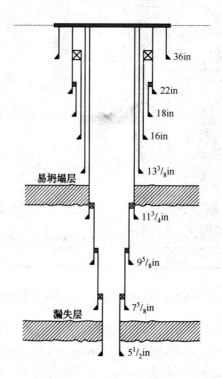

图 4-3 墨西哥湾深水常规井身结构设计

2. 套管钻井技术优化井身结构(Casing While Drilling)

一般来说，套管钻井技术的主要优势有两点：

(1)节省时间。节省了常规钻井固井中上提钻柱、下放套管柱的时间。

(2)涂抹效应(Plastering Effective)。在条件允许的情况下，套管钻井可以在环空中形成涂抹效应，有效的预防漏失和井壁不稳定。

在深海钻井中套管钻井的优势更为突出。Kotow 等(2009)注意到套管钻井技术可以有效地解决深水钻井浅层中所遭遇的各种钻井问题，但是他同时也指出在钻前做钻井设计的时候，便应充分考虑到浅层井眼的各种问题，并且需要一个新的浅层钻井规范。Kotow 等经过研究还发现，在墨西哥湾地区的深层复杂井的钻完井时间自 1991 年以来没有显著改善，他将这种现象归咎于深水钻井井身结构设计不合理。

套管钻井的应用范围，最初威德福公司的 Moji Karimi 和 Asim Siddiqui 等推荐应首先应用于导管和第二层套管，也就是最初的两层套管处。导管配合一个低压井口装置间，钻完就地固井。第二层套管钻井根据孔隙压力和破裂压力的限制尽量下的深一些，同时用同一个低压井口装置间完成固井。

威德福公司指出，表层套管下的深，是应用套管钻井对于井身结构设计的最大贡献，其余贡献还包括使浅层疏松的钻井复杂情况大大减少。

在一口井的实际应用中，套管钻井 3 层套管的封隔深度，是常规钻井的两倍，节省了至少两层套管。节省下来的这两层套管可以用来处理深层的复杂井段。图 4-4 中，第 3 幅图表明套管钻井可以直接应用在中部不稳定层的钻进过程中，省却了许多麻烦。套管钻井还能够优化深井段膨胀管的应用，可以扩大膨胀段的尺寸。

但是套管钻井应用在深海钻井中时也有很多设计要求和设备能力限制，举例来说，套管头和井口安装不像常规钻井那么简单，而且海洋套管钻井需要特制的可伸缩的套管鞋连接头。

3. 裸眼膨胀尾管技术优化井身结构(Open-hole Expandable Liners)

膨胀管技术是深海钻井必不可少的一项技术，尤其是墨西哥湾地区钻井必须要掌握的技术之一。

4. 尾管钻井技术优化井身结构(Liners Drilling, LD)

1) 尾管钻井和套管钻井的异同

尾管钻井(Liners Drilling, LD)是套管钻井(Casing While Drilling)的一种变形，非常适合用于海上钻井。如果井深过深，常规套管钻井受到很多限制，地面设备承载不了，套管可能会被拉断。即便能用套管钻井，但是钻得过深会潜在井喷问题，有些业主单位出于安全考虑也不能允许从转盘开始就套管钻井，须钻杆必须能够配合防喷器的尺寸才可以。套管钻井配合防喷器若要单独制作，则成本太

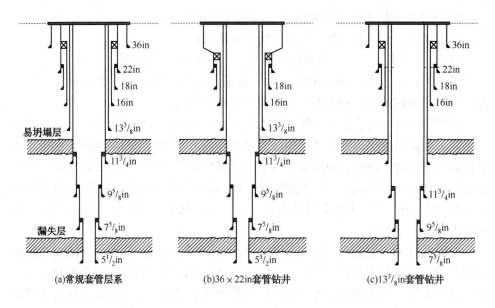

(a)常规套管层系　　　　(b)36×22in套管钻井　　　　(c)13³/₈in套管钻井

图4-4　套管钻井技术对井身结构设计的优化示例

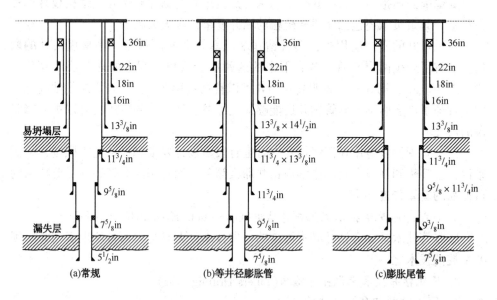

(a)常规　　　　(b)等井径膨胀管　　　　(c)膨胀尾管

图4-5　膨胀滚技术对于改善深井复杂井井身结构和降低套管层次具有显著作用

高。这些都是尾管钻井适应范围更广所导致的。

2）尾管钻井方式可以有效控制漏失

尾管钻井的最大好处是可以降低钻井的可能危害所带来的不利影响。钻井队的地质专家判断地层可能会出现的一些问题，比如井壁会垮塌，尤其是快到目的

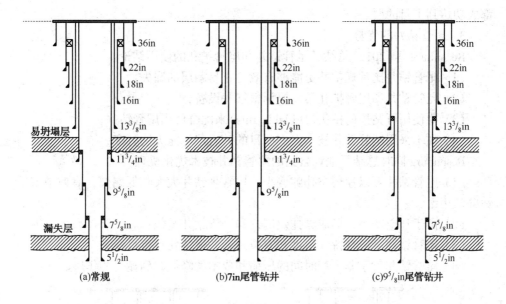

易坍塌层

漏失层

(a)常规　　　　　　　　(b)7in尾管钻井　　　　　　　　(c)9⅝in尾管钻井

图4-6　尾管钻井技术可以有效对付复杂盐层位

层的复杂井段，这时就可以酌情考虑上尾管钻井。看似简单的决策，有时需要甲、乙双方单位的良好互信和配合才能实现。墨西哥湾密西西比峡谷的一口深水井需要封堵一段异常低压区，压力只有 0.78g/cm³ 当量密度，由于甲、乙方事先就这段低压井段进行了良好沟通，确认尾管钻井是最佳的解决方案，因此大胆地进行了采用，取得了良好的结果。

尾管钻井技术还有一个应用案例。墨西哥的 Faja de Oro 油田，开采的是含有大量天然裂缝的 El Abra 油层，一些操作者就大胆地在 244.5mm（9⅝in）和 177.8mm（7in）井段采用了尾管钻井技术，使得最终生产套管的尺寸满足了生产要求。共有 9 口井采用了同一种工艺。而原始的工艺条件下，在 El Abra 的石灰岩井段，钻井液遭遇了大量的漏失，两口井共有 429m³ 钻井液漏失掉，非生产时间（NPT）达到了 55 天，造成了巨大的损失。而后钻井队不得不打一口侧钻井才到达目的层。这两口井由于井漏造成的经济损失达到了 568 万美元。

墨西哥湾密西西比峡谷地区的钻井条件比较复杂：首先，泥浆密度窗口很狭窄；其次，异常低压区和页岩正常压力区呈互层分布。起初两口井采用了215.9mm 钻头搭配 241.3mm 扩孔器，配合旋转导向系统导向，但是在 60°倾角时仍然发生了严重井漏。开始井漏原因是旋转导向系统失效堵塞了井眼、憋漏了地层，随后侧钻继续打直接打漏了地层，这次漏失更为严重，低压砂岩层出砂量出人意料得高，造成了地层垮塌，这两口井的旋转导向系统导向和井下钻具组合都被埋了进去。此后，钻井队在 219.1mm（8⅝in）和 139.7mm（5½in）套管井段直接采用了套管钻井，事后被证明这个选择是很正确的，后来采用尾管钻井所打的井都成功达到了目的层。

3）尾管钻井的优势

Rosenburg 等（2012）总结了尾管钻井和尾管扩孔的使用结论：

（1）尾管钻井比常规钻井更能够有效防止易漏层的漏失；

（2）尾管钻井和尾管扩孔不需要调整钻井设备；

（3）要使用可钻掉的钻头（Drillable Bits）来配合使用尾管钻井；

（4）如不采用尾管钻井技术，一些目的砂岩层可能无法打穿。

Rosenburg 同时总结了他观察到的尾管钻井技术优化机理：

（1）尾管钻井可以让环空孔隙变小，比常规钻井大大降低漏失，有效节省了钻井液用量；

（2）由于环空变小，形成涂抹效应，和套管钻井类似；

（3）尾管钻井可以维持井斜度和方位角，并保持几百英尺；

（4）尾管钻井对于非生产时间的压缩和成本的降低起到显著的作用。

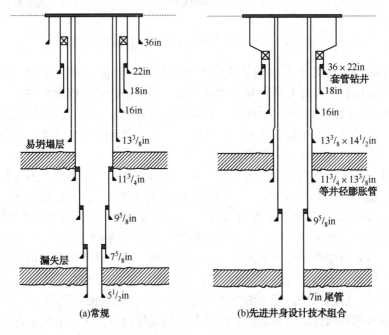

图 4-7　海上油田综合运用套管钻井、保径膨胀管和尾管钻井的井身结构设计

5. 盐丘蠕变对井身结构设计的影响

1）盐岩蠕变对套管挤压的基本原理

盐岩的蠕变对于井身结构设计也有重要影响，盐岩的蠕变会造成井眼缩径、井眼变形，严重时可以挤毁套管。如果地层应力分布不均衡，或盐岩中有夹层产生剪切，蠕变就会发生。盐岩的蠕变速率主控因素是应力差和温度。

由于墨西哥湾海上油田的单井造价通常在 5000 万美元以上，因此井身结构设计必须要着重考虑盐岩蠕变所造成的影响，对盐岩蠕变的地质力学进行分析，随后做出适合的井身结构设计和风险控制。

文献 OTC23654 叙述的是美国 Terralog 技术服务公司提供的盐岩蠕变分析实例和抗蠕变套管设计方案。该公司的软件系统使用的本构方程来自于 Herrmann 等的研究成果，这个研究小组最初研究盐岩蠕变是为了埋核废料的盐丘目的。

盐岩的蠕变速率分为一次蠕变和二次蠕变，两次之间存在函数关系。盐丘蠕变产生的轴向应力分为 3 个部分：弹性形变，瞬时应变，稳定蠕变。

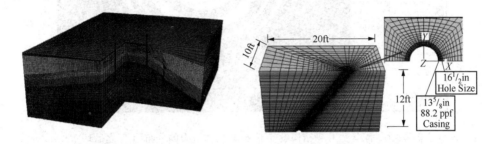

图 4-8　二维和三维近井地带地质力学模型（可用来评估套管损害风险、优化井眼轨迹）

2）Terralog 公司的盐岩挤压套管模拟实例

一口墨西哥湾深水井穿过盐层为 3048～6069m，共有 7 种套管设计方案。所有的方案均考虑到了 10% 的套管挤压变形量。

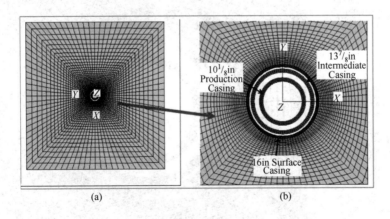

图 4-9　地质力学模型模拟盐岩与套管的接触面随时间而增大及随之带来套管变形（a）以及套管层次的放大图（b）

盐岩的蠕变参考了实验室的数据，最终设计结果如图 4-10 所示。

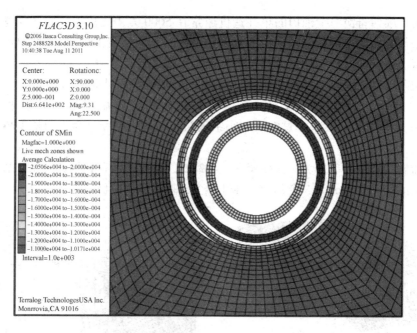

图 4-10　第 4 号井身结构设计下 20 年后主应力的分布[1 年之后环
空压力降低至 10ppg 当量泥浆密度(≈ 1. 2g/cm³)]

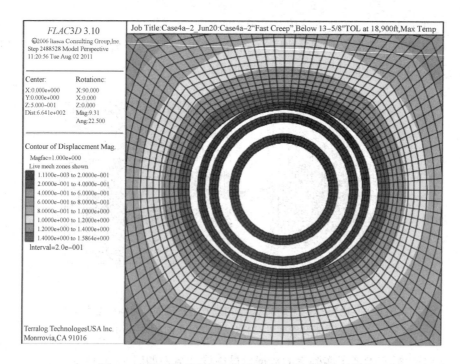

图 4-11　第 4 号井身结构设计 20 年后盐岩蠕变的量

第3节 膨胀管在井身结构中的应用

1. 膨胀管的基本原理

膨胀套管技术是近年来石油工程领域出现的重大新技术，该技术可以使下入井眼中的套管直径扩大，从而节约了井眼尺寸及建井成本。基于这一优点，膨胀套管技术在油气井经验中有着广泛应用，可以用于钻井井身结构优化，在开钻井眼尺寸不变的情况下下入更多的套管层次；钻井过程中在不减小井眼尺寸下对复杂地层进行尾管封堵；开采过程中可以对损坏的生产套管在极小幅度减小通径的情况下进行大长度修复，且修复后具有很高的强度。

除此之外，国内外石油科技工作者还依托膨胀套管技术开发了膨胀尾管悬挂器等一系列延伸应用。专家预言膨胀套管技术将对未来油气井工程技术产生革命性影响。国内外油田和石油工程技术服务商都对膨胀套管技术给予了高度关注，纷纷进行研发和现场推广应用，从而使得膨胀套管技术涉及的技术及理论问题也成为当前石油工程和油井管技术领域的研究热点。

膨胀套管的概念虽貌似简单，但套管膨胀变形过程涉及复杂的金属塑性变形问题，涉及力学、金属材料以及机械工程等多个学科，膨胀套管技术在井眼中的成功实施依赖于多个关键技术环节的有机协作，是对国家石油工业、基础材料工业和钢铁行业的重大专项考验。

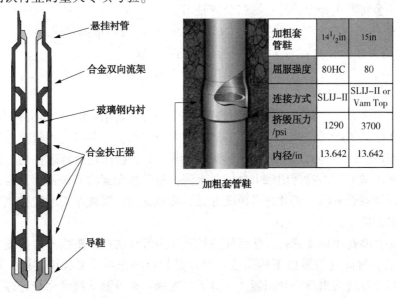

加粗套管鞋	$14\frac{1}{2}$in	15in
屈服强度	80HC	80
连接方式	SLIJ–II	SLIJ–II or Vam Top
挤毁压力/psi	1290	3700
内径/in	13.642	13.642

悬挂衬管
合金双向流架
玻璃钢内衬
合金扶正器
导鞋
加粗套管鞋

图 4-12 Metalskin 等井径裸眼尾管用的回流套管鞋

2. 膨胀管的分类和优点

膨胀管技术最早由壳牌公司在 20 世纪 80 年代末提出，提出的初衷就是解决墨西哥湾深海钻井中套管层次过多，导致生产套管过细的问题。壳牌与哈里伯顿公司，合资成立了亿万奇公司，专门从事膨胀管的技术服务工作。1999 年 11 月 25 日，亿万奇公司完成了世界上首次膨胀管的商业应用。此外，贝克休斯公司和威德福公司也有自己的膨胀管品牌。

膨胀管发展至今，其应用范围可分为以下几种：

（1）膨胀尾管系统；

（2）套管补贴和加固；

（3）膨胀尾管悬挂器系统；

（4）"瘦"井身结构或等径系统；

（5）侧钻井尾管、油管补贴、管柱加固、井壁加固以及封堵废弃井眼的漏失井段等。

有研究人员分析指出，等井径井身结构与传统井身结构相比的优势在于：

（1）有助于地面设备的标准化；

（2）有利于环保并减少总建井投资成本；

（3）有利于钻井作业安全；

（4）有望显著拓展现有的钻探区域，提高油藏的采收率，促进油田的经济开发。

本小节将着重介绍等井径膨胀套管技术。

3. 等井径膨胀套管技术（Solid Expandable Monobore Openhole Liner）

1）等井径膨胀套管的安装过程与相关基本参数

等井径膨胀套管的工作原理和结构比较简单，大体结构分为两部分：回接套管鞋部分，以及膨胀管部分。

回接套管鞋，用的比较多的回接套管鞋尺寸有 $14\frac{1}{2}$in 和 15in 两种（配合 13$\frac{5}{8}$in 和 13$\frac{3}{8}$in 的常规套管柱）。这个部件有两个作用，一是做上一层套管固井用的碰压座（图 4-13）；二是为膨胀管部分提供一个悬挂保径的宽敞空间。回接套管鞋中部的玻璃钢内衬管用来引导固井水泥，避免水泥浆将膨胀部分污染，不利于后续的膨胀管悬挂。固井之后再次开钻，玻璃钢内衬管被钻头磨铣掉，不会耽误接下来的施工。

固井并磨铣掉回流管鞋，然后使用扩孔钻头继续钻进，墨西哥湾的复杂层段通常都是 13$\frac{5}{8}$in 套管鞋以下的层位，因此必封点的选择需要提前判断。通常情况下，复杂层段会出现种种问题，一旦无法处理，则需要下技术套管处理，膨胀管就派上了作用。Metalskin 等井径裸眼尾管的工作示意图如图 4-13 所示。

自从 1999 年墨西哥湾第一次应用了常规膨胀套管技术以后，膨胀管的各项

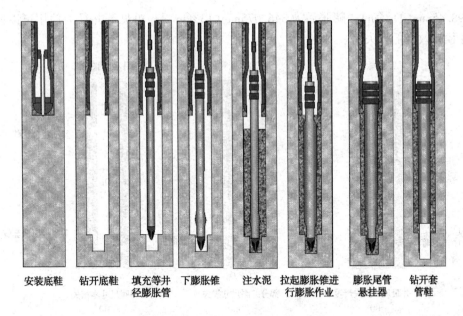

| 安装底鞋 | 钻开底鞋 | 填充等井径膨胀管 | 下膨胀锥 | 注水泥 | 拉起膨胀锥进行膨胀作业 | 膨胀尾管悬挂器 | 钻开套管鞋 |

图 4-13　Metalskin®等井径裸眼尾管操作示意图

技术指标有了迅猛发展。最开始的膨胀管技术的技术参数并不高,施工挤毁风险也很大。Metalskin 等井径裸眼膨胀尾管在前期基础上有了很大的改进,最突出的特点是壁厚更厚了,挤毁压力高于常规膨胀观的两倍;其次,膨胀压力仅为过去的70%,施工难度也降低了。

OTC19656 介绍了等井径膨胀尾管比常规膨胀管的技术改进:

(1) 井径实现了零损失;

(2) 膨胀后挤毁压力约为同规格常规膨胀管的两倍(从 900psi 提升至 2000psi,壁厚都是 0.582in);

(3) 膨胀锥自身也可以膨胀,施工结束后可以钻掉;

(4) 膨胀管接头符合 ISO 标准;

(5) 膨胀管无需额外支撑;

(6) 膨胀压力减小了 70%;

(7) 一旦工具遇阻卡,有紧急工具可以采用能闭合膨胀锥;

(8) 密封程度高,操作简便。

图 4-14 所示为等井径膨胀套管与常规尾管和常规膨胀套管的区别。选择的井段套管鞋尺寸为 339.7mm(13⅜in)或 346.075mm(13⅝in)。其中图 4-14(a)表示常规尾管选择 298.45mm(11¾in)或者 301.6mm 套管作为该井段的套管尺寸。图 4-14(b)表示常规的膨胀套管[膨胀前尺寸 298.45mm(11¾in),膨胀后为 346.075mm(13⅝in)]。图 4-14(c)表示等井径膨胀套管[膨胀前尺寸为

298.45mm（11¾in），膨胀后为346.075mm（13⅝in）］，可见等井径的使用可以使井径有效降低损失。

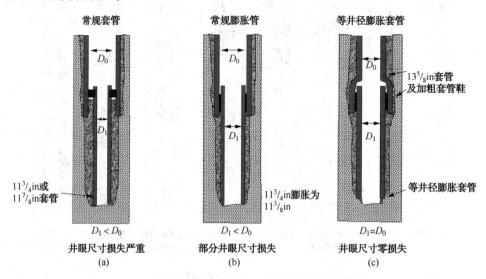

图4-14　等井径膨胀管与常规膨胀管、常规套管的区别

2）等井径膨胀套管优点之一：可以降低同等井径下的下套管风险

等井径膨胀套管技术是墨西哥湾目前应用比较广泛的膨胀套管技术，有效解决了井深过深、井况过于复杂导致事故处理套管占用太多井眼尺寸的问题。"298.45mm（11¾in）膨胀成346.075mm（13⅜in）"等径裸眼膨胀尾管，已经成功应用于墨西哥湾深水和复杂井井身结构中。与其他膨胀管相比，威德福公司的等径膨胀尾管技术抗挤毁能力更强，安装的风险更低。在过去没有等井径尾管时，处理井下复杂事故的风险很大，风险降低的原理是低风险井段可以用等径膨胀尾管来延长，而无需下常规套管，从而在高风险井段中可以使用常规套管。

如图4-15所示，由于引进的膨胀管延长了244.5mm（9⅝in）套管的长度，177.8mm（7in）套管单层处理3657.6~3962.4m（约12000~13000in）的复杂地层风险就相对小了很多。而不采用膨胀管的话，就要牺牲244.5mm（9⅝in）的套管进行风险处理，井身结构显得层次多而杂乱，且不得不将较粗的298.45mm（11¾in）套管应用于1524m（5000in）的中间井段，还要采用扩孔钻头，因而增加了成本，降低了钻速。而应用膨胀管又省钱又安全，好处显而易见。

虽然膨胀管技术应用于井身结构设计有诸多优点，但在初期使用时仍然作为一种应急的措施，而不应用在最初的井身结构设计之中。即便如此，膨胀管仍能大大降低下套管的风险。但仅仅作为应急套管使用，还不能体现膨胀套管的巨大优势。

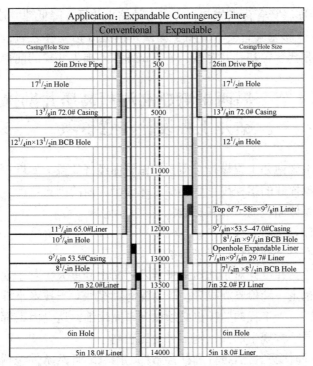

图 4-15　用膨胀管来封堵复杂地层可以优化井身结构，降低下套管阻卡风险

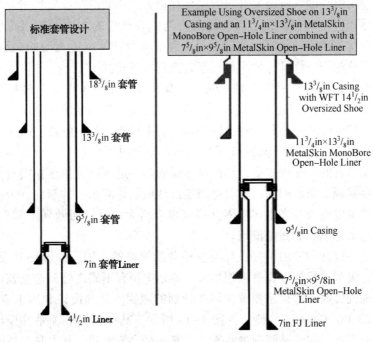

图 4-16　膨胀挂技术对于高产量生产井至关重要

3）等井径膨胀套管优点之二：可以有效缩小井径、降低建井成本

自从 1999 年膨胀套管技术应用于墨西哥湾地区钻完井之后，石油工作者不满足于仅仅扩张套管鞋和钻井尾管，一直试图在不损失井径的前提下完成膨胀。

第4节　墨西哥湾超高温超高压井勘探井钻井工程设计注意事项

墨西哥湾地区钻井工程设计必须要考虑整体经济效益，而勘探井的设计更为重要，每一口勘探井的工程设计必须要考虑 3 个方面的因素：

（1）油田整体储量的增加和探边；

（2）现有储量重新分级；

（3）必须有益于油田长远经济效益。

因此勘探井钻井设计对于油田未来开发意义十分重大，对于现有的技术水平以及设备能力也是一种检验和提升。因为深海勘探井对于技术水准和专业技能的要求非常严格，对于工程的监控也必须做到事无巨细，这些因素都使得勘探井的设计和施工不同于常规生产井，施工难度比较高。

海洋钻井同时受到自然条件和社会条件的限制。自然条件包括水深、地质情况等；社会条件主要包括法律法规的限制，有些海域是不允许进行海洋工程施工的，这就使得海洋油气资源量计算方法变化很大，不同的深度资源量经济性计算方法也不尽相同。举例来说，目前墨西哥湾比较典型的主力勘探层位包括上新统、上侏罗统牛津阶的砂岩，或者白垩纪和上侏罗统基米里支阶的碳酸盐岩等，这些不同层位的经济性计算原则和计算方法都不尽相同。

墨西哥湾钻井的流深至少是 35m。一般来说，井深 4000m 时地层压力超过132.4MPa，7100m 井深处的温度超过 205℃。因此，墨西哥湾更新统的压力非常高，中生界的温度超高，其中包括白垩系和基米里支阶（图 4-17、图 4-18）。

Pemex 公司勘探开发部的 Miguel Lugo Ruiz 经过研究发现一个事实，即在近些年墨西哥湾打的一系列井中，高温高压层的钻井进度往往快于钻井计划。这其实并不符合常理，众所周知，墨西哥湾地区地质条件复杂，井越深，温度和压力越高，钻井难度也会升高很多，固井难度也会增大。是如何做到工期提前的呢？原因在于越来越成熟的钻井设计。

好的钻井设计和差的钻井设计会使钻井结果截然不同，深海钻井成本高昂，时间极长，很多项目的计算量也相当大，计划中稍有不周之处就会全盘陷入被动甚至导致工程失败。这也是要重视钻井计划的原因。钻井设计和施工应遵循"效率循环（Effective Circle）"原则。如图 4-19 所示，其中包括 6 项钻井设计主要内容，每项内容都要同时被两项参数修正：其一是决策时间，其次是经济性。

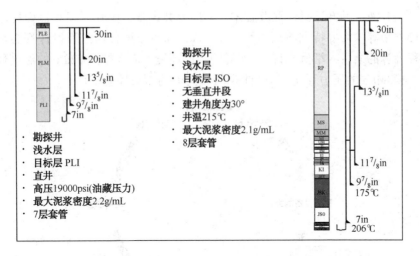

图 4-17 墨西哥湾地区井身结构设计基本物理量和典型井身结构

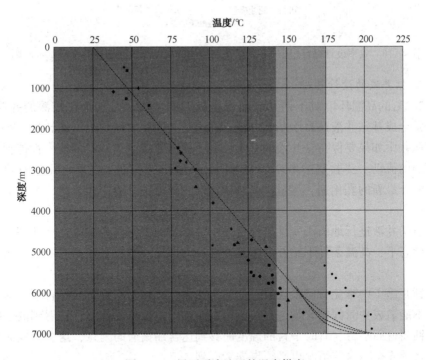

图 4-18 墨西哥湾地区的温度梯度

1. 效率循环原则

效率循环原则的第一步是制定商业模型，这是经济评价的总原则，所有的工程技术都不能不计成本，同时还需要确实能解决问题并能产生积极效果。商业模型确定之后，要进行工程验证，随后就要确定相应的钻井方案及技术，包括钻井设备、钻井液、钻井工具、测井技术、实时测井设备、固井方案和地面控制系统的连接方案等。需要特别注意的是，高温高压条件下的任何工程设计都必须要增加工程计算的余量，举例来说，200℃的高温环境下应当按照220℃的温度环境来设计，120MPa的压力环境下应当按照140MPa的压力环境来计算。

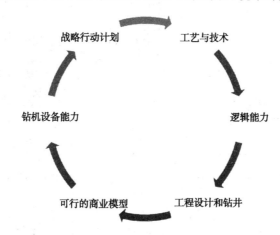

图4-19 效率设计循环(图中各要素代表了一口高温高压勘探井的设计基本原则)

2. 钻井液的设计基础

200℃的高温环境对于钻井液而言是极大的考验，尤其是在较深的井筒里，无论是合成基钻井液还是水基钻井液，高温下的固相含量均很可能超过40%，高温高压井中如果要保持钻井液的基本性能，就需要按照最基本的流变性能保持持续不断的流动。实验室的最新研究表明，造浆用的膨润土最好选用亲有机质黏土，配合最新的乳化剂，尽量提高热稳定性，降低钻井液固相含量，减轻固控设施负荷。

对钻井液进行地面流变性研究也是十分必要的工作，无论是循环状态下还是停泵状态下，高温条件下钻井液的流变性、动塑比等参数必须要满足基本的携岩条件。

钻井施工中难免有停泵现象，为防止井涌，必须要增加重晶石含量，这时要保证不能造成井筒固相含量过高甚至堵塞。在正常循环过程中，钻遇到的烃类会随着钻屑返回平台，有时平台的温度能够到达含油钻屑的闪点，这会诱发火灾威胁平台的安全，这些情况也必须事先考虑到。

钻井液研究人员应尽力改善增黏剂的性能，目前已经开发出200℃高温下黏度增大的钻井液增黏剂，但是超过210℃时，井下压力在103~124MPa时增黏剂效果急剧降低，因此，210℃目前是钻井液增黏剂的一个分界点，超过这个温度的情况下，钻井液工程师还没有更好的办法保持钻井液的流变性。

钻井液实验室研究对于钻井设计是非常重要的环节，是不容忽视的，因为实验的结果不仅仅能够确定钻井液流变性的基本性能，还会提供非常有价值的实验数据，不仅可以指导设计钻井水力参数，同时对于成本控制、起下钻时机控制和环空流速等参数的优化也有很大帮助。因此，钻井液实验室研究不仅可以抵消高温给钻井液带来的不利影响，还有很多其他方面的优势，不能敷衍了事甚至直接忽略。但是，实验室研究存在耗时较长，可能会延长工期的缺点。

高温高压钻井的钻井液工程设计必须针对每口井增加相对应的钻井液添加剂，备料要充足，同时时间也不能过久，造浆土和添加剂要妥善保管避免失效。

针对高温高压井还有一个比较节省时间、成本的施工方法，即直接派一艘钻井液配料船在平台旁待命，这艘配料船吨位不需太大，能够提供几口井的钻井液配料即可。

3. 钻井平台和钻机

墨西哥湾海上油田开发已经几十年了，也形成了一整套的钻机设备选型方法。目前墨西哥湾的钻井平台大多数都是 20 世纪 70、80 年代建造的，每座钻井平台在使用了 20 年左右时进行了翻新和现代化改装。总体而言，这些使用寿命超过 30 年的钻井平台经受住了各种考验，成功地协助大多数海洋油田操作者进行了商业开发。传统平台的优势在于建井成本、搬家成本比较低，对地质复杂地层(低压区、高渗透地层、浅地层储层)具有很好的适应性；缺点是对于低温超过 175℃ 的储层还略显力不从心。

随着墨西哥湾勘探向深海进行，传统平台的能力已无法充分满足生产需求。水深不是太深的情况下，经过几十年的使用经验积累，传统平台的生产成本已基本固定，各种技术也比较成熟。但是在深海生产中，这些经验的实用性已显不足。Ruiz(2016)认为，目前钻井平台的设备能力不足以满足深海钻井的需求，不仅如此，目前钻井平台的落后甚至已成为深海勘探的主要阻碍。

近年来，深海勘探取得了一些成果，在科研人员和现场工作人员的积极努力下，研发了一系列专用技术。但是，新的技术受限于钻井平台的设备能力，经常遇到工期延长而耽误进度的情况，这对于新勘探区的勘探及商业开发是很不利的。因此，对钻井平台进行升级势在必行。

钻井平台应当具备的新型技术能力包括：

（1）自动化的提升控制系统；

（2）增强控制系统、数据传输系统以及实时监控。

钻井平台的钻井液存储能力应包括：

（1）200m^3 的钻井液容量；

（2）各种配料存量应超过 API 的规定标准，可以考虑增派配料船只。

钻井平台的工作能力应包括：

（1）更先进的提升和动力系统。能够保证接单根和起下钻的时候不需要单独连接的过程，过程保持非常的均匀平缓。单独连接过程仅限于处理井涌井塌事故等特殊的工程目的。

（2）循环系统和转盘能力要保证能钻达 8000m 井深，同时还要能够承载非常大的流深，这取决于工程总体投资和井深。转盘的扭矩也要足够大，根据地层岩石的硬度不同，通常不能低于 2000ft·lb(1ft·lb=0.138kg·m)，泥浆泵的工作压力在超高温高压井段也会超过 5500psi，所以泥浆泵的额定压力应该在 7500psi 以上。

（3）平台防喷器承压高于 15000psi，但是要有改装余地，因为深井钻井一旦有井涌，防喷器承压经常会达到 25000~30000psi，如果不能留有改装接口，将会耗费大量时间和成本进行现场安装，每次这种安装都会耗时 100 天左右，仅仅是为了安装一个防喷器接口就要耗费如此之多的时间是难以接受的。

诚然，新型钻井平台的造价不菲，折旧率也很高，但是与传统平台相比，工作效率高，井下复杂情况少，非生产时间也少，这都能抵消使用成本高所带来的不利影响，和传统钻机相比，新型钻机的优势非常明显。

4. 井下工具

目前，深海油气田井下工具最主要的分级方式是依据温度进行划分。205℃是一个分水岭，高于这个温度，电子元器件和密封设施就需要进行特殊的包被处理，从而抵御高温所造成的不利影响。但是包被工艺是有时效性的，有很多包被过的工具由于送至井里的时间过长导致还没有启动包被就已经失效。而且每次下技术管柱或者上提管柱都需要钻井液循环系统进行相应的配合，因此开工前需要进行大量的工程试验，确定各种工况条件下的水力模型(泵排量、泵压等)，遇到工程复杂的状况时应尽量避免仓促决策，尤其是尽量避免通过加大钻井液密度的方法来控制地层压力，尽量少添加重晶石和赤铁矿等加重材料。对于各种钻井液添加剂的使用一定要考虑高温耐受性，避免长时间处于高温之下而导致添加剂失效。

一旦井底静止温度达到 185℃，随钻测井工具就几乎失去了效用，此时，井内应该使用的是相对简单耐用的没有井下马达等需要大量数据传导的钻具，在 185℃的高温环境下，油田服务商往往无法保证自己的生产工具能够正常工作。因此，当井钻至超高压超高温井段时，根据井眼轨迹的需要，须适当使用减阻钻具、短缩紧钻具配合钟摆防斜钻具方能保证正常施工。虽然现在的耐高温钻具研发也取得了很多的进展，许多耐高温包被材料和陶瓷材料理论上也能满足工程需要，但是这些新材料价格较高，且实践经验尚不足，一旦井下出现复杂状况，则可能会因设备的起出调换而浪费时间、增加工程风险。

在 190℃的高温条件下，不使用 MWD 或者 LWD 等随钻测量工具虽然能够保证井下施工的基本安全，但是工程风险较高，钟摆钻具仅仅是钻井工程较为初级、原始的定向手段，在采用这一解决方案之前有必要开展仔细的论证研究。

5. 单独测井与实时测井

单独测井的数据比较准确，尤其是测地温梯度时比实时测井更准确，同时还能取出流体样品进行分析，除了测量地质数据，还能测一些井底力学数据。单独测井也有一定的风险，虽然包被技术（包括多层包被抗热技术）在不断发展，但是井深超过 6500m 时测井管柱损坏的可能性大大提高，会造成测井校准失灵或者测井失败。

但是，单独测井技术目前仍然是发现油气藏的最重要手段。墨西哥湾深水钻井工程师非常重视单独测井，认为这是高温条件下（超过 190℃）唯一的测井方式。实时测井的突出优势是成本低，缺点是在高温条件下工作状态不稳定。在浅海开发中，成本差别不明显，一旦井深加深，则成本差别将逐渐显现，单独一次测井耗时长、成本高。

然而，在深海钻井条件下，如果仅采用单独测井而不进行实时测井，大量井底数据（如定向数据、水利数据等）都无法获取，油藏物理和岩石力学的模型也无法得到及时更新。这使得测井技术的选择愈发困难。

墨西哥湾超高温超高压条件下钻井的经验非常宝贵，目前，超高温超高压钻井领域，施工周期、发现资源量和开发效果还不尽如人意。但是近几年来，随着技术的进步和大量资本的涌入，使墨西哥湾超深水变成了资源阶梯区，且非常具有竞争力。墨西哥湾地区的油田开发公司以及相关监管部门也在进行调整和适应，以便更好地开发墨西哥湾深水区的油气资源。得益于大量数据和经验技术的积累，墨西哥湾深水区的商业前景目前非常看好，即使是在低油价的市场大背景之下也仍然比较乐观，目前，深水开发的商业链已比较清晰，须要做好工程设计，同时进行技术革新，最终实现油气田商业开发。

第 5 章 墨西哥湾盐层安全钻井注意事项

第 1 节 立管钻井钻盐层

在墨西哥湾深水区，很多盐层埋深较浅，埋深762m(2500ft)以上的常常需要立管钻井。盐层厚度多为91.44~764.44m，钻遇盐层厚度取决于井身结构的设计要求。该层段的压力窗口非常狭窄，盐层破裂压力比上覆盐层压力当量密度仅大0.24~0.36g/cm³。立管钻井井眼比较粗，为660.4mm或558.8mm，钻井液常常直接使用海水，用完后倒进大海。立管钻井通常钻的只是直井段，但随着技术手段日益丰富，浅层造斜也越来越多。

由于压力密度窗口狭窄，在浅层盐层上部常采用控压钻井，井眼清洁是主要关注点。浅层欠压实带渗透率高，钻压一般不宜过高。井底钻具组合多关注盐层带来的问题。

(1) 由于盐层地质力学应力不均，如果对小井斜不加控制，井就容易打歪，大的狗腿会对后期的施工带来诸多问题。

(2) 立管钻井段的泥浆材料往往有限，因此钻速越快越好，盐层上部的钻速容易加快，但是盐层部分的钻速不好掌握，钻头的选择和井底钻具组合的选择至关重要。钻速较快时可以有效节省时间和泥浆材料。

基于上述两点，立管钻井时井下钻具组合的选择主要应考虑两个因素：防斜和高钻速。井下钻具组合应当设计为一次钻达立管钻井设计井深，若还需要起下钻柱就需要花费大量额外时间，有时甚至要额外建泥浆罐和专用钻机。

第 2 节 井眼轨迹和定向井

早期墨西哥湾的盐层钻井均为垂直井，后来定向井越来越多，这样可以更好的穿越盐层。起初采用定向井井身结构仅仅是为了在一个平台上多打井，后期人们发现定向井对于厚盐层的钻探效果更好。定向井井眼轨迹的设计应当遵循如下原则：

（1）深海油气开发成本很高，尽量一个钻井平台多打井，从而减少平台数量，降低开发成本。

（2）造斜点应当越浅越好，同样的靶位，造斜点越浅最终井眼轨迹的狗腿角越小，这样有利于完井和后期的开发。

（3）一般来说，钻井井斜角应当小于50°，但对于垂深超过6069m的超深井来说，井斜最好不要超过40°，如若超过这一角度，则深井下电缆作业将非常困难。

（4）定向井有时可以避免钻井的风险。墨西哥湾地区浅层有时有一些钻井风险，比如钻遇沥青层等，钻定向井可以为降低风险增加一个选择。

（5）墨西哥湾地区盐丘底部往往有异常高压层，比如碎屑岩层或者沥青层，井身结构一旦需要更改便需要通过定向井来完成。

第3节　墨西哥湾钻井工程设计

墨西哥湾盐层钻井需要比较周密的钻井设计，尤其是穿越盐层的井段。盐层钻井可分为以下3个部分：

（1）在盐上选择造斜点，随后盐层进入稳斜段；

（2）在盐层段钻进阶段；

（3）避斜防碰工作。

在做盐丘定向井设计的时候，必须要仔细考虑地质风险，Wilson等认为，钻井地质风险主要包括区域性的盐层不稳定、盐下碎屑岩区、小井眼钻井的风险、盐丘段固井时间过长，以及盐丘中间夹杂的异常压实带或者是侵入体。

除了上述的地质风险，异常侵入体和盐底区域常常带来异常地层压力。钻井公司井控工作要求非常高，尤其是盐丘底部的井控，通常来说钻到这个部位都会降低钻速，从而有利于摸清楚复杂地区的压力状况。

如果能够在地质图上看清楚构造，则井眼轨迹应尽量避免盐层以及侵入体带。钻井轨迹在钻出岩层时应尽量水平，并且应尽量选择埋深较浅的盐底，这样做的好处是一旦遇到异常低压可以更容易地调配泥浆密度，不至于立即压漏地层。有一些钻井公司研究墨西哥湾盐底的程度不亚于研究油藏的程度，为的就是尽量降低钻遇复杂情况的概率。另外一种常见做法是在即将钻遇盐底时提前更换井下钻具组合，这样做的优势是如果碎屑低压区因出现问题而造斜困难时，可以提前做好准备克服；此外，如果发生压差卡钻或者曲率过大（在低压区经常发生）的情况，也便于进行事故处理。

盐层钻井还应考虑盐层沉积的层理问题，这涉及地质力学。钻井实践表明，同样一个盐丘体，第一口井钻井过程中容易向左偏，而第二口邻井容易向右偏。在沉积作用下，盐层是由不同时期的盐盖堆叠起来的，会造成应力分布不均匀。进行钻井设计时，应提前考虑应力方向和强度，尽量避免狗腿度过大的设计。经验表明，墨西哥湾地区盐层钻井，仅维持井眼笔直钻进就要耗费导向系统约65%的导向能力，由此可见地应力之大。因此，墨西哥湾地区应多考虑低造斜率的井眼轨迹设计，推荐狗腿度为最低(1°~2°)/100ft，最高不超过3°/100ft。若超过这个范围，则很可能在实际钻井过程中要做出大的轨迹更改。

还有防碰问题，通常一个平台的定向井都有向一个方向偏离的趋势，做钻井设计时应当考虑到这个问题。

钻柱力学也会影响到井眼轨迹的准确度，随着井眼斜率的增加，井底钻具组合、钻柱钻铤和盐层接触面积也会增加，这往往会加大黏阻风险，导致扭矩过大以及钻具振动过于强烈。

盐岩蠕变在墨西哥湾不是特别严重的钻井问题，这是由于墨西哥湾的盐层比较纯净，96%以上为石盐。通常情况下，通过加重钻井液便可以很好地克服盐丘蠕变的问题，泥浆密度当量最高能达到地应力当量密度的93%。很多钻井队使用扩孔器打盐层，能扩眼约8%~18%。扩眼和加大泥浆密度基本可以保证下套管时不受阻卡，但是在定向段阻卡的风险还是存在的。近年来，墨西哥湾深水地区关于井下钻具和扩孔器的研究技术突飞猛进，扩孔钻井已成为墨西哥湾的常规技术之一。

井眼的几何尺寸是重要的井身质量参数之一，使用成熟的旋转导向系统(旋转导向系统)对于维持井眼尺寸至关重要，一个好的旋转导向系统可以维持高质量的井眼，保证钻速、降低狗腿度、减少划眼。由于好的旋转导向系统具有诸多优点，因此很多钻井队在打直井的时候便提前采用旋转导向。由于盐层段的地层破裂压力较高且较为稳定，因此很多钻井队选择一次开钻就钻完盐层段，这样做的好处是少下套管，而碎屑岩段却没有这么理想的钻井条件。超过3000m的裸眼段保持干净良好的井眼对下套管固井至关重要，连接套管到底部时必须保证一次成功，否则施工就会变得非常复杂。这些都是旋转导向可以保证的施工质量。

Wilson等(2003)的研究指出，良好的井眼尺寸可以避免二次固井的风险，完整、均匀的井眼尺寸可以均匀地分担盐岩蠕变带来的载荷，防止套管过早、过快被挤毁。可见维持良好的井眼尺寸十分重要。考虑这一因素，对旋转导向系统的"过分"使用也就不足为奇了。

第4节　钻入深盐层顶部

根据墨西哥湾地区地质分析可知，有时在浅层没有盐层发育，非流动盐丘埋藏较深，钻遇较深盐层时，可能会遇到很多钻井风险，这些风险因素往往是由于孔隙压力变化所引起的。非流动盐丘的上部常常发育裂缝和断层，构造地质学认为，这是由于底部盐丘不断向上运动，托着高压的沉积物向上运移，随后压力被泄掉所导致的。因此钻入深盐层顶部常常发生严重漏失的情况。如果盐上区域没有泄压，钻井过程中就很可能会遇到异常高压。

接近盐层时，应当降低钻速和钻压，以便仔细观察遇到的是高压层还是低压层。一旦钻遇盐层，通常地面扭矩会增加，钻速会降低，钻头上部如果安装伽马射线测量装置，就可以比较准确地确定钻遇了盐层。

通常钻井队会强行钻入盐层 30.48~60.96m，尤其是提前安装了扩孔器的情况，直到井下钻具完全打不动了为止，这样做的目的是确定钻具震动的程度，进而优化下一次开钻的钻具组合。如果这 30.48m 的数据能够得到充分的分析利用，盐层段的钻井就可能比较顺利。

1. 钻具震动的解决方案

盐层钻井的震动问题是最突出的钻井问题之一，经常导致井下工具失效，并且不得不无休止的起下钻更换工具。钻具震动有很多力学原因，比如钻头的问题，钻头和扩孔器搭配不当，盐层过于复杂或者夹层太多，以及盐岩的蠕变，都可能引起钻具震动。

要解决钻具震动问题，首先要做好钻井工程设计，优化钻头和扩孔器的配合，优化井下钻具组合。但这一措施并不能保证钻井时不震动，通常钻井队会慢慢地调整钻压和转速，以便找到钻速和震动幅度都能够接受的工作状态。

2. 盐层夹层和沥青层的危害

盐层夹层会给钻井带来两方面危害：

（1）如果钻具有扩孔器，那么在钻遇夹层时钻头和扩孔器的地层可钻性不均匀，钻头钻得快、扩孔器扩得慢，会加重钻具的震动，损坏钻具。

（2）夹层会伴随着异常高压或者异常低压，易形成"糖葫芦"地层，造成漏失或者卡钻。

沥青层是墨西哥湾钻井的重大风险因素。Romo 等（2007）认为应对沥青层的最好手段是直接避开，或者以最快的速度迅速钻过。

第 5 节　钻出盐层

钻出盐层的风险大于钻入盐层的风险。一般来说，墨西哥湾地区钻出盐层的注意事项包括下述 6 个方面：

（1）提前降低钻速至 12.19m/h，提前的距离须控制在钻离盐层约 60.96m处，具体须取决于不确定程度，如果不确定程度高则要多提前一些。

（2）严密监视各项钻井参数，扭矩、钻压、循环当量密度（ECD）、钻具震动幅度、钻头伽马曲线。钻离盐层的特征是钻速突然加快，扭矩突然减小。

（3）一旦发现上述情况，须赶紧把钻具提到盐层段。同时关闭井下钻具组合，循环钻井液和钻屑。

（4）继续循环井底，继续缓慢钻进3~4.6m，测试井壁的完整性。

（5）如果没有显著的压力骤降、漏失或者其他复杂情况，则须继续钻进9.14m，如果又遇见上述的情况则立刻提钻具，关井循环。

（6）如果没有遇到问题，则可继续重复上述操作过程，并在钻进91.44m左右时停止。

第6节　防套损难点

1. 绿色峡谷一口风险井的套损防控

在墨西哥湾地区的很多生产井常常需要封隔长达4572m的盐丘活跃地层。绿色峡谷第一口风险井的第一次钻井中，套管被挤毁，技术人员开始研究模拟井眼失稳的模型及盐丘蠕变的机理，并以此来指导井身结构设计，降低未来井身结构设计的风险。

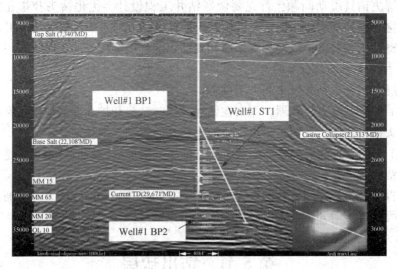

图5-1　Well 1井地质剖面图

井壁失稳的分析模型包括3个部分：水泥环和盐岩的接触、地层孔隙压力、原始地层应力。研究人员发现绿色峡谷地区的盐下地层孔隙压力会发生急剧降低。这种突降会导致严重的井漏问题。井眼因压力不稳而出现井眼不稳定，加之盐岩蠕变导致套管损害问题严重，使得该地区的井身结构设计相当困难。

为了克服种种不利情况带来的风险状况，技术人员模拟了各项井眼参数，其

54

中包括井眼不稳定程度、盐岩蠕变、盐构造作用、井眼几何尺寸、套管受压力分布以及钻井液流体影响。研究结果显示，造成套管损坏的首要原因是盐岩对套管的不整合接触，产生的压力超出了水泥石的承受能力。

2. 常见的井壁不稳定问题

每一口井的钻井设计都要建立压力剖面，钻井液密度应控制为能够保证井眼稳定又不至于压漏地层。

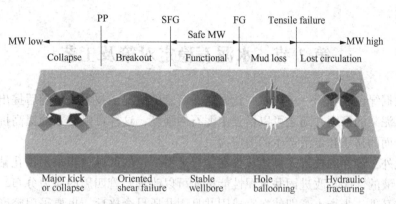

图 5-2 泥浆密度窗口显示了流体循环压力、近井地带压力、
以及各种井下复杂情况的压力的关系

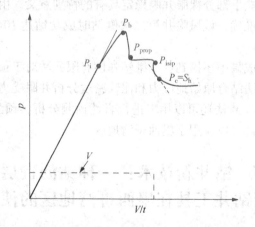

图 5-3 墨西哥湾经常采用地层破裂实验(LOT)方法确定复杂层位的地层破裂压力

当钻井液密度过低时，会发生剪切破坏，严重时会造成井壁垮塌。建立的剪切破坏当量密度模型须包括如下要素：

(1) 上覆岩层压力；

(2) 最小与最大水平主应力；

(3) 孔隙压力；

(4) 原地应力；

（5）井眼沟通方式；

（6）相关的岩石强度数据。

剪切破坏当量密度的确定公式为

$$p_\mathrm{m}=\frac{1}{2}(3\sigma_\mathrm{H}-\sigma_\mathrm{h})(1-\sin\phi)-c\cos\phi+p_\mathrm{p}\sin\phi \tag{5-1}$$

式中，p_m 为剪切破坏压力；ϕ 为内摩擦角。可见剪切破坏应力与孔隙压力直接相关。

第7节　水泥石稳定对策及工艺

根据绿色峡谷第一口风险井盐岩挤毁套管的情况，技术人员随后提出了应当提高水泥浆的密度并随之可以增强水泥石的强度，这样可以有效的提高抗击盐岩不整合面的挤压和走滑产生的剪应力。

此外，该井的技术人员还建议在盐岩走滑严重的区域适当采用扩孔钻头、提高钻井液的性能、改进固井水泥性能进而可以改善套管四周的应力分布。但是该项研究又进一步指出，即使在完成固井且固井质量合格后，也要采用密度较大的泥浆进一步钻进，以平衡水泥石内外的压力。有学者在研究成果中还特别提到了高密度钻井液对于盐下部分裸眼井眼稳定具有的特别意义。由于预测原始地层压力和孔隙压力比较准确，该风险井第二次侧钻时成功钻达 10421m 的地层，超过了钻井设计。

有学者在研究成果中还提到：三维塑弹性有限元法对于预测套管损害（FEM）十分有效，这套方法结合原始地应力和泥浆密度分析井眼受力状况，对于指导实际生产很有帮助。FEM 法还可以用来进行岩性预测分析，预测盐岩蠕变的情况。这一整套模拟技术都可以应用于墨西哥湾地区。

第8节　钻井新技术：一种钻沥青层专用尾管钻井工具在墨西哥湾地区的使用

1. 案例简介

2007 年第四季度，雪佛龙公司在墨西哥湾钻一口深水评价井（井号为 Big Foot-3）时遇到了严重的钻井工程问题。该井在盐层中的钻进过程比较顺利，但钻至盐下井深 6340m 时，意外钻遇沥青层。这起初并没有引起技术人员足够的重视，他们想通过快速钻进的手段，裸眼钻穿沥青层，但是试钻了很多次都不成功。后来，钻井工程人员意识到，必须先将沥青层段用套管固井封住，才能继续往下钻进。

由于沥青层蠕变性比较大，常规固井时套管无法下到井底，因此雪佛龙公司采用了套管钻井来封隔沥青层，但是钻井过程中由于使用的仅仅是常规井下钻具组合，所以扭矩非常大，中途不得不中止施工。面对这种不利状况，雪佛龙公司采用了一种新型尾管钻井工具。

这种新型钻井工艺是由油田技术服务公司专门针对高蠕变沥青层而开发的，在本口井使用之前已经在另外一口井内进行了应用，取得了比较理想的效果。这种工艺的基本工作原理是一边下 301.6mm 尾管，一边进行扩孔钻进，钻头、扩孔器和井下马达可以从尾管中通过，便于起下钻。这种工艺的最主要优点是钻井扭矩可以通过钻杆、钻铤传递，不用向比较脆弱的套管施加扭矩，同时还能够在套管中起下钻具。采用这种工艺钻井，套管钻井的其他优点也同时具备。

雪佛龙与其他油田合作方一起，配合钻井服务公司，采用这种新型钻井工具对沥青层进行了 3 次试钻，最终在钻遇沥青层 55 天后成功封堵了沥青层。作为该项新工具的第一次矿场应用。

2. Big Foot-3 井简介以及复杂情况介绍

平台位置：属于沃克山脊 e Block 29 区域，平台位于路易斯安那州新奥尔良偏西南 338km 处，具体井位如图 5-4 所示。

开钻时间：2007 年 7 月 1 日打下定位桩。

钻井平台服务商：恩斯克(Ensco)公司。

钻井平台类型：Ensco7500 型可活动半潜式平台。

水深：1594m。

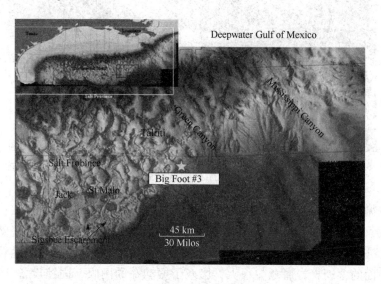

图 5-4　Big Foot-3 井的地理位置

Big Foot-3 评价井比较顺利地打穿了 2865m 厚的盐层，在井深 5361m 处钻离了盐层。在 6155m 处进行了固井作业，分别使用了 346mm 和 355.6mm 套管，裸眼段的井径为 374.65mm 和 419.1mm。

　　固井结束后继续开钻，首先钻掉了 346mm 套管的套管鞋，为保险起见，雪佛龙公司在钻掉套管鞋后又继续做了地层破裂实验(LOT)，地面钻井液密度加高到 13.36ppg(1ppg = 0.12g/m³)。随后用 311.15mm 钻头配合 342.9mm 扩孔器继续钻进，使用的是旋转导向井下钻具组合井下钻具，这套井下钻具组合钻具的扩孔器距离钻头 43m。钻进过程中的合成基钻井液密度一直维持在 11.8ppg。

　　但是，2007 年 8 月 11 日，即开钻 40 天后，复杂情况出现了。当时井深为 6339m，地层位于中新统，钻具发生黏卡，旋转导向停止工作，随后工程人员使用震击器试图解卡，再钻至 6341m 时旋转导向又停止了，井下钻具组合又被黏住。当时发现了大量的泥浆携带着含有沥青的岩屑返回地面，随后工程人员立即停转循环钻井液返排含沥青岩屑。沥青层位于 346mm 套管鞋下方 183m 处，距离盐底距离为 1006m。井底温度为 68℃。

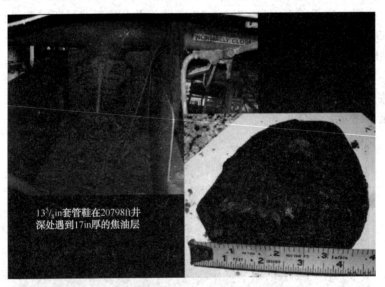

图 5-5　2007 年 8 月 11 日起钻后钻具沾满沥青

　　冲洗循环一段时间后，工程人员开始慢速逐渐钻进至 6349m，但是由于黏卡阻力很大，旋转导向还是被黏卡住停止工作。泥浆工程师将钻井液密度增大至 11.9ppg，试图用增大液柱重力的方法来控制沥青层的蠕变。这时候随着钻井液返排回地面的含沥青岩屑颗粒很大，堵塞了振动筛的网眼，固控设备几乎失效。井下钻具组合这时又被黏住导致扭矩增大，钻井液循环不上来，需要继续用震击器来解卡才能继续循环钻进。每次震击器解卡都需要把钻具提到沥青层上方，同时还须加重钻井液到 12.1ppg。随后，下方钻头至井底又继续钻进 1~6351m。随后，工程师决定起钻，将扩孔器重新安装在离钻头较近的位置。这样做的目的是考虑到钻沥青层需要经常提钻柱到沥青层上部，多余的钻杆过长的话现有的鼠洞放不下。工程人员同时计划在钻穿沥青层后，用 301.6mm 尾管固井来直接封住这段沥青层。

起钻时发现沥青黏在了钻杆连接处，平台操作工人不得不每起下 10 根就用高温设施清洗一下钻杆上黏着的沥青。此外，固控设备上的筛网还是会被沥青糊住，情况难以改善。

平台操作工人将井下钻具组合进行了调整，同心扩孔器采用了 355.6mm，距离钻头 4.3m，比之前缩短了不少，钻头尺寸为 311.15mm。这样做的目的是尽可能增大裸眼井段的直径，抵消沥青层蠕变带来的不利影响，为顺利下套管不遇阻卡争取时间。井下钻具组合换换下至井中，结果地面操作人员发现在 6276m 井深处就开始遇到阻力，这个深度距离测井所发现的沥青层还有 64m。这个现象说明在起出钻具并更换井底钻具组合时沥青层已经涌进了井筒。随后，工程人员进行了洗井和扩眼作业，6039~6349m 的裸眼井段直径扩张为 355.6mm，钻井液的密度也相应提高到 12.3ppg，工程人员期望通过这些措施可以最大限度减轻沥青层对钻井带来的不利影响，预防井下钻具组合阻卡。地面测量显示，井下循环当量密度 ECD 值在 20830ft 井深处为 12.62ppg。

事实证明，采用更高密度的钻井液和 355.6mm 的扩孔器，的确改善了井底的工况，几乎没有钻具遇阻卡的情况发生。从 6039~6349m 的 40m 井段钻井过程中，地面固控设备一共回收了 11 箱固液态钻屑，每箱容量按 25bbl 计算，固液态含沥青钻屑一共约为 275bbl。这意味着仅仅从 342.9mm 裸眼井段扩眼到 355.6mm 井段这短短的 40m 进尺中，沥青不断地涌入井筒被带至地面，总量多达约 275bbl，平均每英尺进尺钻出的沥青达 2bbl。但是，倘若在正常状况下，40m 进尺产生的钻屑应该仅为 1.7bbl，平均每英尺仅仅为约 0.013bbl。沥青层对于钻井公司和油田公司操作者而言是一项严峻的考验。

2007 年 8 月 16 日，飓风"迪恩"如约降临墨西哥湾，所有钻井工作被迫暂时停止。工程人员将井下钻具组合提至 5776m 处，从而可以受到 346mm 套管的直接保护。随后，将井下钻具悬挂在井口，用工具固定好，然后将 Ensco7500 钻井平台驶回港口躲避"迪恩"飓风。钻井设备和人员在港口等了 9 天，2007 年 8 月 25 日，钻井船才驶回井位继续施工。海洋钻井过程时间宝贵，因此必须尽快恢复施工。连接好立管，司钻慢慢开泵循环，泥浆工将钻井液密度从 1.476g/cm³ 慢慢调高到 1.536g/cm³。随后，钻工开始下放井下钻具组合，但是在 6179m 处井下钻具组合开始慢慢遇卡阻，随后工作人员进行了洗井和扩孔作业，扩孔 30m 到了 6167m 井深处。种种迹象表明，经过 11 天的临时弃井，流动性极强的沥青又侵入并充盈了 530ft 的裸眼井筒。

这次开钻钻井泵排量达到 600gpm（1gpm = 0.227m³/h），钻井液密度为 1.536g/cm³，但是在 6339m 处，井底发生了严重的井漏。随后平台司钻赶紧降低排量，并且替换 LCM 胶囊堵漏剂 100bbl 至 6157m，隔水管也用密度较小的合成基钻井液（密度为 1.512g/cm³）进行了替换，替换至 boost line 位置。工程人员对井底进行了循环清洗，然后继续进行扩孔钻进至井底 6351m 处，但是仍然有超过 300bbl 的合成基钻井液漏失到地层中。泥浆工程师不得不进一步降低钻井液密度至 1.488 g/cm³ 以求降低漏失速度。如此边漏边打，一直钻至 6370m，工程人员估计已钻穿了沥青层，LWD 测井曲线也清楚地显示出沥青层的厚度约为 5m（图 5-6），经过测算，沥青层位于 6339~6344m。

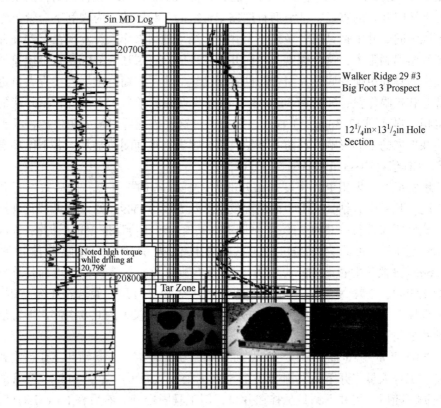

图 5-6　6339m 井深处发现沥青层

工程问题如今已非常棘手，即使是稍微上提钻具至 364mm 套管鞋处也需要扩孔设备和电动马达的配合工作，短短 5m 的沥青层钻进过程困难重重，几乎造成井下事故，沥青源源不断地涌入井筒。如果要短暂的控制沥青层，直接办法是提高合成基钻井液的密度，但是这不能保证井底不被憋漏造成巨量钻井液漏失。因此现场经理经过权衡后决定起钻，直接用套管固井封堵沥青层。虽然复杂层段只有 5m，固井并不合算，但也只得如此。

3. 套管固井法封堵沥青层

Big Foot-3 井打穿 5m 厚的沥青层后，给钻井施工带来了巨大困难，虽然甲方监督决定用套管封隔沥青层，但是由于沥青在高压驱使下源源不断地涌入裸眼井筒，为了避免井漏，钻井液密度也不能调得过高，因此常规下套管作业十分困难。5m 的沥青层几乎成了产层，在正式下套管封隔之前地面共收集到了 2000bbl 的沥青。

钻井技术小组起初想打一个侧钻井段，绕过沥青层，但是该井沥青层以上的裸眼段长度仅 183m，如果在裸眼段造斜，井下钻具的造斜能力还不够，造斜定向段的长度不足以越过沥青层。另外，目前地震解释技术还不能够将沥青层位置解释地很清晰，因此地质条件也不允许。如果在 364mm 的固井段开窗侧钻，虽然能缓解造斜曲率过大的问题，但是钻井技术小组还是有很大的顾虑，因此决定在直井段处理沥青层。在该地区的 Big Foot#2ST#1 评价井的钻进过程中，就已经发现了流动性非常强的沥青层，沥青层的位置和厚度是该地区作业公司非常关注的问题，也是亟待解决的问题。

为了解决沥青层问题，雪佛龙公司内部进行了多次技术讨论，并且联系多家有封堵沥青层经验的技术服务单位和操作公司，希望得出一个可行的封堵方案。工程师们提出的第一种方案是使用切削式套管鞋和 Molydog 衬管，但是在 Big Foot-3 井中该方案不是很适用，原因在于本井沥青层太厚，沥青蠕动速率过快，要压穿 5m 的沥青层，需要连接很长的 301.6mm 尾管才能提供所需的质量，从而穿透沥青层。第二种方案是使用外径 270mm 的旋转套管，下部连接 311.15mm 的套管鞋，但工程技术人员经过权衡，也放弃了这个选择，理由是在之前处理沥青层时发现井下钻具组合旋转扭矩过大，即便更换新型井下钻具组合也很难避免这个问题，而且这种新工具的连接部位并不牢固，一旦扭断，将在井下造成严重后果。这个方案还有一大劣势，就是造成的井眼直径过小而不利于将来施工。最终，雪佛龙公司技术小组联系了贺斯公司的相关部门，发现贺斯公司正在研发一种沥青层专用钻井工具，并有另外一家知名海底井口制造商也参与了这一工具的研发，雪佛龙公司因此决定尝试采用这一工具。

但是这种 TCDRT 工具还没有进行过现场试用。经过紧急磋商，贺斯公司同意售予雪佛龙公司两部尾管适配器，这种适配器是沥青层专用钻井工具的核心组件，另外，还配套租给雪佛龙公司一套专用的下尾管工具。雪佛龙公司特许贺斯公司在 Ensco7500 钻井平台上派驻一位技术代表，对这种第一次工程应用的尾管工具进行现场指导。雪佛龙公司、贺斯公司和沥青层专用尾管钻井工具设备开发商三方一起进行施工，希望通过本次工程实践，检验该工具的性能，并制定合理的工作步骤，识别工具工作时可能发生的一些工程风险，以及配套的解决方案。

图 5-7 所示为这种沥青层专用套管钻井工具的原理图。该工具的原理和结构与导管钻井很类似，众所周知，在海洋钻井钻表层底层时，为了节约时间和成本通常采用套管钻井，通过水利喷射原理破岩，以便下入 762mm 或者 914.4mm 的表层套管(在海洋钻井中通常称作导管)，这种套管钻井返回地面的岩屑通过套管内壁和内衬管外壁的环空返排。贺斯公司研发的沥青层钻井工具原理和海洋钻表层导管原理类似，核心部件是内衬管。这种工具的外观图见图 6，尾管适配器见图 5-7，可以清晰地看到这种管材的接头是左旋的 111.125mm 接头，还有剪切销钉以防误操作。如图所示，这种沥青层专用井下钻具组合的内衬工具是由钻头270mm、同心扩孔器 311.15mm 和钻井液马达组成，钻井液马达安装在钻头和扩孔器的上部位置，向上是 301.6mm 的套管倒角鞋。在钻进过程中，不需要转动套管，钻具由钻井液马达驱动钻头进行钻进和扩孔，这样可以在原理上保证顺利钻穿沥青层。所有钻屑以及沥青都通过套管内壁和钻具外壁之间的环空返排。

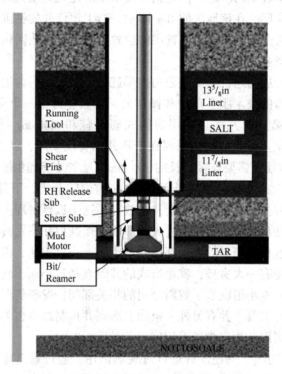

图 5-7　沥青层专用工具原理示意图

内衬部分还有两部泵件，在处理完沥青层后，可以将钻头和钻杆挤扁收回地面。这种工艺的好处是可以保护专用工具不至于被压扁或者拉断，原理是一旦觉得沥青层打不动了可以下一 270mm 的套管鞋，同时在井口右旋打断销钉，保持钻具还能正常钻进。

贺斯公司这套沥青层专用工具（TCDRT）还有别的组成配件，其中包括 18×6¾in 的钻铤，14×5in 的加重杆，6¾in 的右旋或者左旋的螺纹安全组件［扭矩可达 15000ft·lb（1ft·lb=0.138kg·m）］以及 6¾in 剪削组件，能承受 54431kg 的拉伸。右旋释放安全组件安装在 TCDRT 工具下部。这个安全组件为什么要安装在 TCDRT 工具的下部呢？它有什么作用呢？该安全组件的作用是一旦沥青层将套管紧紧黏住，钻具也无法钻进时，可以通过地面右旋整体钻机的方法来打断销钉释放钻具。为了保护安全组件不至于过早打开，钻井用的泥浆马达扭矩不宜过大（最大扭矩为 10000ft·lb）。

6¾in 剪切配件安装在泥浆马达的下部，这个配件的作用是吸收过量的拉力保护钻头、扩孔器和泥浆泵，一旦在钻井过程中遇到卡阻，可以更容易地提捞内衬部分的钻具组合。

4. 第一次下入 TCDR 套管钻井工具

雪佛龙公司经过技术方案论证，终于确定使用 TCDR 套管钻井工具。2007 年 9 月 1 日，在钻井钻遇沥青层第 20 天，雪佛龙公司正式批准开始下入套管钻井处理沥青层。301.6mm 套管开始下井，套管穿过钻具缓缓入井，同时在地面加大扭矩至 41000ft·lb。合计共有 28 根套管单根下入井中，合计 301.6mm 技术套管长度为 340m。这 340m 长的套管段里面还有其他的部件：1 个有倒角的套管鞋，6 个用于降低摩阻的接头（专门用于在 5m 沥青层处降低阻力），4 个专用的扶正器，1 个 346mm 套管专用的限位套，后两个配件是专门用于水泥挤注的。衬管接头接在技术套管的最上部，接头上面是备用转盘。TCDRT 钻具连接好后，取下备用转盘，连接上贺斯公司的衬管接头，然后左旋 4⅜in 开始释放钻具增加钻压，释放原理是剪掉销钉，需要转盘提供 14000ft·lb 扭矩。随后，平台工作人员记下了钻具的浮重，即 60781kg。现在，理论上钻压是够的，足够打穿沥青层下 91m，不需要额外提供钻压。

钻具继续缓缓下入，钻具组合的最下部是一个着陆引鞋（尺寸为 149mm，在 20096ft 井深处（离 13⅝in 套管鞋还有 97ft），工作人员开始缓缓开泵循环，又下到 20531ft 井深的时候，打开扩孔器开始扩孔作业，同时开始加大泥浆泵的循环排量，从 150gpm 提高到 500gpm，钻井液马达的内外压差是 100psi，扭矩为 1000ft·lb。一切似乎都很顺利，但是钻至 20575ft 时意外发生了，钻压突然下降了 2721kg，泥浆泵压力从 3800psi 猛降至 1800psi。很显然钻杆被扭断了。随后平台工作人员迅速将套管起出，经过观察发现扭断的位置在右旋释放安全阀的下部位置，下面 1141ft 的钻具成为了落鱼，雪佛龙公司不得不先处理这起意外事故。落在井里的钻具包括：全部 TCDRT 工具、衬管接头和 28 根 301.6mm 套管。

雪佛龙公司紧急制定了一个落鱼打捞计划，随即下入了一个紧急打捞钻具组合（Overshot Assembly），下到 19637ft 井深时紧急打捞钻具把落鱼又重新控制住，钻井人员发现落鱼的位置并不在井底，而是 20778ft 井深处，即扭断的钻具被沥青卡在了离井底 122ft 的位置。这又一次证明了沥青阻力很大，不仅涌入了井筒，而且黏住了钻具。好在落入井底的钻具已经被打捞工具攫住，经过震击器的震击，成功解除了沥青的黏卡，随后，平台工进行连续的超载提升作业，大钩的拉力从 40000lb 提高到 150000lb，最后成功地将落鱼提出井。这时候时间已经是 2007 年 9 月 5 日。

由于贺斯公司这套套管钻井专利管柱是第一次进行矿场试验，所以难免会出现一些问题。雪佛龙公司和 Hell 公司的现场工作人员将起出的 TCDRT 全套工具放平进行了仔细的检查。工程人员发现，钻头的水嘴已经被沥青糊住，钻头和扩孔器的切削齿也沾满了沥青。钻井液马达也沾满了沥青，钻具里的浮鞋也无一例外地被沥青堵住。由于断裂的位置在安全阀的剪切段，制造商和贺斯公司的工程人员用 MPI 探伤仪对该部件进行了仔细地检查探伤，然后宣布这个部件并没有强度问题，不是强度导致断裂，可以在修复后继续下井使用。值得一提的是，贺斯公司额外提供了一个备用安全阀，但是这个备用件并没有通过 MPI 探伤鉴定。

光对关键部件进行探伤显然是不够的，雪佛龙公司随后进行了"根本原因分析（Root Cause Analysis）"，对右旋释放左旋上扣的安全阀进行了失效原因分析。随后工程人员有一个较大发现，即安全阀的螺纹工艺存在问题，根据要求，螺纹必须进行上扣和卸扣的严格测试，而这个安全阀的螺纹没有测试过，在下井之后才第一次承受这么大的扭矩。根据 API 标准，NC50 钢级的扭矩强度高达 15000ft·lb，在制造时承包商却认为不需要进行上扣、卸扣测试，因为他们假定在井下的工作环境因为有钻头和扩孔器的持续工作，对安全阀有卸载的安全作用。有了这个比较关键的发现，安全阀被送回位于休斯敦的一个实验室进行彻底检查，进行上扣和卸扣安全实验。实验结果发现，这种安全法螺纹的卸扣扭矩远小于第一次上扣需要的扭矩，起初，螺纹上扣扭矩高达 15000ft·lb，但是上过一次扣的螺纹第二次上扣需要的扭矩就大大减小了，只有 4900ft·lb。这是一个重大的问题，初次上扣扭矩并没有得到很良好的验证，这意味着这个配件属于"带病上岗"。15000ft·lb 规格的安全阀，其实际上扣扭矩仅为该值的 1/3。

5. 第二次下入 TCDR 套管钻井工具

雪佛龙公司在总结了井底事故经验教训后，认为原有的施工方案并没有很大问题，因此决定第二次施工。原先的井底管柱组合基本没有更改：套管仍然是 28 根 301.6mm 套管（71.8ppf，HCQ125 钢级，Hydril315），因为套管在事故处理时并没有因为超量拉升而造成损坏，螺纹也基本完好。301.6mm 的衬管接头仍然连接在套管串的上方，钻具穿过套管下入井中。不过这次下钻与第一次下钻最大的区别是工程人员取消了安全阀的使用。平台操作人员和甲方监理人员充分考虑了沥青可能会堵塞内部钻具和套管内壁之间的环空的情况，一旦堵住，则在没有安全阀的情况下将不容易解卡，尤其是 TCDRT 工具第一次使用，可靠性还没有经过充分检验。但安全阀可靠性低，若再次拉断，即便重新设计制作也将难以弥补。除了不安装安全阀，管串的其余部分和第一次下钻时完全一样：钻井液马达仍然使用 $6\frac{3}{4}$in 型号，钻头扩孔器还是 $10\frac{5}{8}$in 配合 $12\frac{1}{4}$in 型号使用，剪切配件仍使用 $6\frac{3}{4}$in 型号。

随后，地面工作人员开始下入套管钻井工具 TCDRT，连接在钻具的最下方，TCDRT 钻具的最上部连接有衬管接头，配件包括 $4\frac{3}{8}$in 的左旋接头以及 3 个剪切销钉。所有的 301.6mm 技术套管的钻具浮重均为 142000lb。

工程人员继续下入技术套管和钻具，引鞋仍然选用 $5\frac{7}{8}$in 的规格，在下入至 20013ft 井深时，开始缓缓进行开泵循环，这时还没有到 $13\frac{5}{8}$in 套管的套管鞋处，开泵循环仅为一预防措施。当钻具下至 20396ft 深处时，泵排量逐渐加大至 500gpm，泵压加至 4100psi，并且开始清洗井底和扩孔作业。钻井马达的内外压差保持在 0~400psi，稳定工作直到 20648ft，但是过了 20648ft 后，井深内外压差突然增加至 400psi 以上。工程人员及时发现了这个异常状况，随后将钻具上提 20ft，意在减缓内外压差防止压坏钻井马达。

情况稳定一段时间后，工程人员又小心地开泵循环清洗井底，并进行扩孔作业，但是在 20644ft 处意外还是发生了，泵压突然降低了 1100psi，而钻具的浮重并没有降低（这通常意味着井底钻具发生了"短路"），工作人员赶紧上提钻具，结果使用超过浮重 120000 磅的拉力才拉得动钻具，一边上提一边开泵清洗钻具到 16700ft 井深。人们发现上提钻具时，每上提 40ft，额外的拉力就有 30000~50000lb。此时，工作人员才发现原来是有一个 301.6mm 套管的扶正器损坏了。

随后停泵，并又一次把钻具提出井口，然后用 16600ft·lb 的扭矩和 $4\frac{1}{2}$in 旋转卸下衬管接头。工程人员再一次对钻具进行了检查，发现钻具的 4 个钻井液流通口中有两个已经被沥青堵死。内部的钻具也被从套管中提出，但是剪切部分已经被拉断，剩余部分又一次成为了落鱼，好在这一次落鱼较短。此次落鱼包括：钻头、同心扩孔器、钻井液马达以及两根 $6\frac{3}{4}$in 的 Pony 钻铤。

301.6mm 套管也被仔细地进行了检查，人们发现最上部位的弓形扶正器已丢失，并推测是落入井底。28 根套管中有 19 根套管的接头磨损严重，密封部位阴阳螺纹虽然是 Hyd513 规格但是也损坏严重，必须进行修复，无法再继续使用。这种型号的套管接头平均损坏扭矩是 40000~50000ft·lb，浮鞋部分由于螺纹是锁定的，损坏扭矩是 90000~95000ft·lb。

雪佛龙公司被迫又制定了一个落鱼打捞计划，匆忙在平台连接了一个 $9\frac{1}{2}$in 的打捞桶，随后下入井中进行打捞作业。落鱼的顶部位置在 20696ft 井深处，由此推断落鱼的根部在 20760ft 井深处，离井底还有 140ft。沥青层源源不断地流入井筒，涌过沥青层所在的水平面，沥青的黏度和浮力把落鱼向上托举了 140ft。地面工程人员被迫采用了 35000lb 的额外拉力，才把被沥青层糊满的整个落鱼打捞出来。经过检查，工程人员并没有找到丢失的套管弓形扶正器，可以断定这个扶正器还丢失在井底。

随后雪佛龙按照原思路继续对损坏的剪切部件进行了"根本原因分析（RCA）"。分析结果表明，在两次下井之间，剪切部件没有严格按照操作规程进行保养，只进行了简单地维护，而且也并不充分，虽然钻井平台施工方提出过要求，要对剪切部件进行彻底分解检查和剪切环更换，但是很显然没有落实这个要求。对剪切配件进行测试的结果为：剪切环已经疲劳损坏，强度大大降低，这都要归咎于施工过程中对钻具进行了多次震击解卡，以及在上提钻具时拉力过猛。在第二次下井之前，虽然对所有钻具进行了 MPI 探伤检查，但是检查并不仔细，剪切配件上存在的裂纹并没有检测出来。

6. 清洗井底

在第二次套管钻井失败后，雪佛龙没有贸然进行第三次钻井，而是选择对井底进行清洁，整个清洁过程用时 13 天。井底在经历了两次不成功的套管钻井之后，井壁糊满沥青，井底还有套管扶正器被碾碎后剩下的残骸，因此清洗工作是很有必要的。另外，通过清洗也能大致确定沥青上返的深度。井底清洗钻具组合的尺寸为 $12\frac{1}{4}$in×$13\frac{1}{2}$in，钻具下到 20225ft 井深处开始循环洗井，同时打开扩孔器进行井壁沥青的清理。清洗井底作业从 20225ft 井深进行到 20772ft 井深处，泥浆泵排量从 600gpm 升至 800gpm。在 20780ft 井深处，泥浆泵排量为 800gpm 时，井底发生泥浆漏失。随后泥浆工程师降低了泥浆泵排量至 500gpm，一直洗井和扩孔作业直到 20900ft 深的井底。在这期间，循环钻井液和提放钻具有一些阻力，但在可控范围内。就这样边井漏、边洗井，最终完成洗井作业时，漏失掉了密度为 12.6ppg 的合成基钻井液达 500bbl，此后，又非常快速（速度必须足够快，否则钻井液会全部漏失）追加了 250bbl 钻井液才最终完成洗井作业，并顺利将钻具起出。

7. 第三次套管钻井的尝试

这一次下钻，雪佛龙公司充分吸取了前两次失败的教训，采取了一些措施对可能出现的风险进行了预防。首先是井下钻具组合的选材问题，雪佛龙公司选择了强度更好的套管：套管尺寸仍然是 301.6mm，8 根钢级 HCQ125 Hyd511 套管，线重 71.8ppf，安装有 Molydag 降阻器，18 根钢级 HCQ Hyd513 套管，线重 71.8ppf。由于前两次的失败，Ensco 平台已经没有剩下 301.6mm 的 Molydag 降阻器了，好在其余的油田公司库存还有，用船送来一批才解了燃眉之急。Hyd511套管接头上扣扭矩被加大到35000ft·lb，Hyd513套管接头的上扣扭矩也加大到41000ft·lb，这都是通过前两次失败而积累的宝贵经验。承受扭矩最大的3根套管的接头用螺纹锁进行了保护。其余的部分比如衬管接头和钻具组合见表3，井下钻具组合的改动也比较大。

  井下钻具组合也充分吸取了前两次失败的教训。由于第二次下钻时剪切配件断裂，因此本次下钻取消了右旋剪切释放安全阀组，也没有安装剪切配件。雪佛龙公司决心要冒着卡钻的风险把井打成。技术人员在钻井液马达的上部安装了一个"黑匣子"，这个"黑匣子"里面是一部加速度计，连接位置位于钻井液马达上部。"黑匣子"可以帮助实时传递钻井液马达的扭矩，有助于对右旋释放安全阀的有效性进行判断，为将来的技术做好必要的数据储备，尤其是在安全阀失效甚至断裂的情况下，一手的经验数据对于RCA判断是非常关键的。

  沥青层套管钻井专用工具一根一根连接到套管内部，衬管接头还是采用111.125mm左旋，旋转配件包括3个剪切销钉用于固定，需要14000ft·lb的扭矩才能打断。技术套管和套管钻井钻具的整体质量是64864kg。

  技术套管和钻具管柱由149.225mm着陆管具引导，慢慢下至6151m井深处。随后，泥浆工程师提前开始驱替钻井液至管柱内，这样做的好处是提前让管柱承受一定的压力，而且在下至裸眼段之前，提前建立管路循环，可以一定程度上保证安全。开泵之后管路慢慢下至6283m井深，然后管柱遇到了沥青，钻压表显示管柱开始承受一定的阻力。泥浆泵排量一开始打到400gpm，泵压开到2750psi，钻井液马达的转速为165r/min。就这样一边洗井一边继续下钻，到6320m井深时，钻井液马达因被沥青卡住而停止工作，随后将钻头上提一点停止旋转，并继续用水射流洗井下放管柱，至6328m井深时钻具和套管之间的环空好像被堵塞了，这时钻工上提一下钻头并开大一点排量试图解堵，由于突然加大排量，导致了液压活塞效应，钻压因此下降了80000lb之巨。很显然井底又被压漏了，工程人员果断选择边漏边打。起初还有少许钻井液返排回地面，到6349m井深处，便再无钻井液都返排，此时泵的排量还是400gpm，由于没有上返钻井液对钻具进行润滑，钻具的阻力升高了，表面摩阻达到了80000~120000lb。其实，如此大的阻力对于钻杆的损伤非常大，采取这一措施也是在当前状况下不得已而做出的选择。钻井液马达也勉强转起来，但是还是被沥青给卡停了4次。为了减缓钻井液的漏失速度，泵工把泵的排量下降到100gpm。井架工把绞盘彻底放开，完全依靠套管和钻具的重力来通过最后的20m。最后的20m也是摩阻最大的20m，摩阻达到了160kip。最终，在钻遇沥青层36天后，终于用套管封隔了该5米井段。

  随后，须要将井下钻具组合钻具起出并固井了。套管钻井工具(TCDRT)和套管被分离，分离操作是通过一个215.9mm的右旋操作，钻压表显示上提拉力骤降了65000lb，这表明钻具和套管已经分离。但是上提钻具的时候，抽汲压力很大，为了避免出现复杂情况，工程人员打开泥浆泵，用钻井液顶着钻具往上走，直到钻具上提过了301.6mm套管的顶部，位置大概为6023m井深处才停止钻井液循环。这时钻井液受压缩效应影响开始上返至地面，上返速度为18bpm（1bpm=0.159m³/min）。压缩效应也托着钻具上返到346mm套管鞋处。为了下301.6mm的技术套管，一共漏失掉了约148m³密度为1.512g/cm³的合成基钻井液，只有21m³钻井液返回地面。

钻具起出地面后，工程人员将单根一根一根排列好并进行仔细检查。工程人员发现钻具的4个钻井液上返通道被沥青完全堵死，这可以很好地解释为什么下放套管钻井工具时钻井液上返不回来。另外，同心扩孔器的扩孔刀片水眼也被沥青堵塞，详见图13。钻头的排屑槽有一部分被沥青堵塞，但是钻头的水眼比较干净，没有被沥青堵住。

8. Big Foot-3 井的固井作业

进行套管钻井作业时，301.625mm套管钻井工具并没有安装套管顶部封隔器，也没有安装挤注水泥所必需的浮鞋。Big Foot工作评价团队认为，沥青层套管钻井应当优先考虑不要让沥青进入钻井液，因此没有安装固井所必须的浮鞋等配件。技术小组还认为该井的沥青具有比较明显的蠕动性，并且层位离井底也不远，在重力作用和蠕变作用下，很容易就会到达301.625mm套管的套管鞋部位，从而进入井筒。也就是说，现在套管内部还是有沥青的，在彻底封隔套管和外部井壁空间之前，必须先清理套管内部的沥青。因此接下来的工作应当是边洗井边封隔套管鞋。工程人员下入了一部270mm的洗井管柱，下至井底6370m处，在下管柱的过程中，在约6344m井深处就发现了沥青，这说明沥青进入井筒侵入了26m。在洗井封隔的过程中又有24m³洗井液漏失到底层。这种漏失是有好处的，起码可以将沥青也一并冲洗回地层，对于工程是有利的。洗井封隔作业结束后，须进行注水泥固井，地面操作人员已经准备好下入水泥承转器。

水泥承转器下井工作进行地比较顺利，所使用钻杆直径为149.225mm，固定在了6352m井深处，中间没有意外情况发生。工程人员注入了16m³水泥浆，计划是将水泥浆挤进301.6mm套管和地层之间的环空内，在泵入驱替液之后，开始循环水泥承转器上部的剩余工作液，但是工作人员惊讶地发现注入的16m³水泥浆被上返回13m³，这表明水泥承转器没有工作。工程人员立即将注水泥工具提出地面，这时，301.6mm套管的内部已经全是水泥。注水泥工具中缺少一个42in×2.12in外径的芯轴，技术人员分析认为该芯轴被水泥粘住留在了井里。

随后，须对301.6mm套管内部的水泥进行清理。工程人员先下入311.15mm的清洗管柱，先把301.6mm套管上部的水泥浆清理掉，然后又下了270mm管柱磨掉301.6mm套管内部的水泥塞并且磨铣掉水泥承转器。水泥承转器被成功钻掉，而且在水泥承转器下部没有发现任何水泥的痕迹。继续向下钻铣作业时，在井深 6355m 处，也就是水泥承转环下部 3m 处，钻具发生了剧烈的"刺突现象"，伴随着扭矩的突然增加，工程人员分析，这是由于 301.6mm 套管鞋可能在磨铣水泥承转器的时候损坏了，磨铣水泥承转环时，地面一共回收了 18 桶铁屑。最终磨铣作业进行到井底 6370m 井深处，同时又向下钻了 1m 多。随后，工程人员开始上提磨铣钻具至 301.625mm 套管的顶部位置，并开泵循环一段时间，随后起出磨铣钻具。

工程人员又一次尝试进行固井作业，这次采用的是直接注水泥法，在 6372m 井深下一个 127mm 的水泥托管架，并注入 95bbl 水泥，水泥浆密度为 2.016g/cm³。随后起出固井管柱。井架发生了一点损坏，修理井架耗时 45h。随后，工程人员继续下入磨铣工具，期望磨掉水泥塞部位，这次采用的磨铣钻头是 270mm 的刀磨工具，在下工具时，还是在 6355m 井深处发生了扭矩增加的现象，这表明这段套管可能已经损坏了。磨铣工具成功磨掉了套管鞋和水泥塞，并又向下钻了 3m，井深达到了 6375m。为了稳妥起见，施工人员进行了 LOT 地层破裂压力试验，用 1.512g/cm³ 的合成基钻井液试验地层破裂压力，当量循环密度达到了 1.6032 g/cm³。随后又一次起出钻具，钻具被磁力沾满了磨铣掉的金属碎片，清洗掉这些碎片上称称重，碎片质量总共达到了 15kg，其中一块比较大的碎片很明显是从 301.6mm 套管上切下的。这段损坏的套管也给后来的钻井工程造成了一定的压力。

截至目前，沥青层钻井工具在该地层试用成功。工程人员下入钻进工具继续钻进，这次选用了 270mm 钻头，311.15mm 扩孔器，钻井液密度从 12.6ppg 降到了 11.9ppg，这次钻井过程比较平稳，一直钻到了 6750 米井深处。在泵排量为 33bph 时，合成基钻井液发生了漏失现象。随后钻井液工程师立即调低立管的钻井液密度至 11.8ppg，并且加入了 16m³88ppb 的 LCM 堵漏剂颗粒进行堵漏。井下钻具组合在起出的过程中，在 6452m 井深处开始时遇到了缩颈，上提越来越困难，在 6364m 时实在提不动了，不得不用震击器进行震击解卡，震击器的位置恰好还是位于 301.625mm 套管内 6364m 井深处。此时，上返的钻井液中发现了沥青，说明套管损坏位置有沥青溢出。

因为继续打井沥青会越涌越多，如果加大钻井液密度，井底会发生漏失现象，因此不能用增大钻井液密度的方法来控制沥青的渗入。由于套管损坏的位置过深，修补起来过于麻烦，工程人员和雪佛龙公司经过商议决定不得不放弃了下井固井的 301.6mm 套管段，改用侧钻的方式继续钻井。开窗的位置位于 346mm 套管的内壁，幸运的是，开窗钻井之后的井眼轨迹并没有再遇到沥青层。Big Foot-3 井侧钻 01 井因此得名。虽然侧钻的轨迹只偏离沥青层顶部 20 余米，但是该井在侧钻之后再也没有遇到沥青层。

9. 套管钻井封隔沥青层的未来发展前景

贺斯公司此套专利套管钻井技术第一次在现场中的应用并没有取得预期效果。Big Foot-3 井的沥青层虽然成功被 301.6mm 套管封隔，但第一次采用这种工具和工艺施工，并没有充足的经验积累，套管在一次次上提、下放和固井过程中发生了损坏，最终不得不放弃了这段井段，打了一口侧钻分支才完成钻井施工。

雪佛龙公司在事后与贺斯公司及设备工具制造企业的专家进行了技术经验总结、交流。由于沥青层钻井是未来墨西哥湾地区必然要使用的技术，因而不可能因一次施工失败而止步不前。首先，雪佛龙公司认为需要改进的是这套工具的流体通过性，工具的流体返排能力必须要增强，要做到"堵而不死"。设备制造商也表示，正在和贺斯公司商量，设计一套专门用来减轻流体通道堵塞可能的工具。设备制造商还表示，正在设计一个顶部套管二次封隔器，这套封隔器专门用来隔离技术套管顶部。雪佛龙认为第二个需要改进的部分是增强 CFD 分析，CFD 全称 Computational Fluid Dynamic 分析，意思是精确计算流体的流动动态。CFD 分析要应用在设备制造商设计的这两种工具上，在设备造出来之后必须要进行 CFD 分析，流体通过性必须要得到验证，从而保证在工具下井之后，在钻井液循环和钻井过程中，避免工具被沥青淤塞，尽可能增大固体颗粒的通过能力。CFD 模型还能够提供一些钻井参数供地面人员参考，从而有助于提高钻速、优化水射流速度、优化钻井液性能，对于钻进工程也有帮助。

图 5-8 所展示的是设备制造商的一项新工具 TarBuster，直译为"沥青克星"。这种工具的一大特点和优势是在下井的过程中能够自动旋转，从而降低阻力保证顺利下井，这个特性在沥青层中特别实用。CFD 分析也表明，钻具原来不动的部位如果能够旋转起来，非常有助于沥青的钻井液循环通过钻具通道。该 TarBuster 下井时一旦下到要求的位置，就会从井口投一个球下去，并能打开一个球座，从而从衬管接头的位置释放所有套管内部的钻具。这种投球方式称为"水力工具操纵装置"，在压裂增产领域有很多应用，其优点是释放套管钻井工具的内部装置不需要用机械扭矩的手段就能实现，可以降低风险。机械扭矩的方式应用在安全阀配件、泵配件或者剪切配件的实践表明，在深井中工作并不是十分可靠。这套新开发的套管钻井体系理论上大大增强了系统的可靠性，钻井承包商在进行套管钻井时，可以比较放心地下钻加压、加大泵排量、钻进，还能优化作业，降低作业风险，在钻过沥青层时降低沥青堵塞的可能性，保证正常钻井液循环。设备制造商 Dril-Quip 公司还开发出一种"回接插座"（Tie-back Receptacle，简称 TBR），TBR 配件安装在技术套管衬管接头的顶部，最终用来安装二次套管顶部封隔器，这种封隔器有一个双向的锁止滑套，有一个弹簧锁，能锁住套管上部，保持套管悬挂持续受力。总之，Dril-Quip 公司开发这种技术的最终目的是保证套管衬管的密封性和流体通过性，并且利于注水泥作业，在如此深的井里，从套管顶部进

行挤水泥作业是非常危险的。

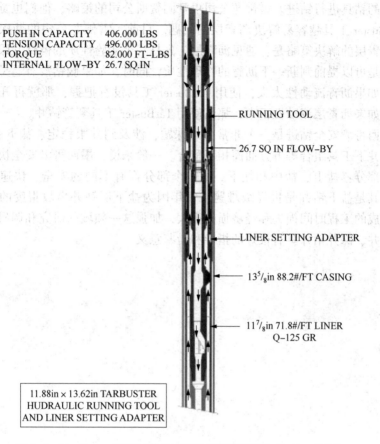

PUSH IN CAPACITY　　406.000 LBS
TENSION CAPACITY　　496.000 LBS
TORQUE　　　　　　82.000 FT-LBS
INTERNAL FLOW-BY 26.7 SQ.IN

RUNNING TOOL

26.7 SQ IN FLOW-BY

LINER SETTING ADAPTER

$13^5/_8$in 88.2#/FT CASING

$11^7/_8$in 71.8#/FT LINER
Q-125 GR

11.88in × 13.62in TARBUSTER
HUDRAULIC RUNNING TOOL
AND LINER SETTING ADAPTER

图 5-8　Tar Buster 沥青层钻井工具工作原理(据 Dril-Quip 公司)

雪佛龙公司还总结了一些套管钻井井下钻具组合的优化方案,其中包括:钻井液马达的选型,稳定器的选型,同心扩孔刀片的尺寸确定,等等。CFD 模型也能优化很多钻井参数,比如泵的排量、最小携岩速度等。Dril-Quip 公司还研制出了更加结实耐用的剪切配件,可以与 TarBuster 配套使用,高扭矩的钻井液马达也可以使用,由于取消了安全配件,不必担心扭矩的反作用力会损坏钻具。钻头也选用 $11^3/_4$in 双芯钻头,这样做可以不必使用同心扩孔器,有利于 301.6mm 套管下入。钻具内部的稳定器也必需安装,因为钻井液马达可能会震动受损。

TarBuster 最初的尺寸为 301.625mm×346mm,后期陆续开发了更多的尺寸型号。

雪佛龙公司和贺斯公司都对钻遇的沥青层进行了物性评估,因为未来还要在相同的区块继续打井。两家公司都一致认定,如果再遇见蠕变流动性特别严重的沥青层，必须侧钻避开。不过，如果沥青流动性不大，贺斯公司的应对策略是：提前准备，一旦发现沥青立即起钻，用 TarBuster 钻具进行套管钻井，而不是再用常规的钻具进行钻进。雪佛龙公司也赞同贺斯公司的策略，他们也觉得越早使用 TarBuster 工具越容易解决沥青层的问题。目前，雪佛龙公司的勘探生产部门遇到沥青层的解决策略是：遇见沥青层，先打一个实验性质的侧钻井眼，这样做的好处是可以提前判断一下沥青的物理性质，同时，如果侧钻没有遇见沥青层则更好。如果沥青流动性太大，使用 TarBuster 工具没有把握，那就再开一个侧钻钻进。如果沥青层流动性不大，那就使用 TarBuster 工具套管钻井。

墨西哥湾安全钻进是一个非常大的课题，涉及到井眼稳定、盐下层位分析、井控、井下工具组合等方方面面相互配合。一般来说，墨西哥湾安全快速钻井分为 3 个部分：盐上、盐中和盐下。每一个部分都有不同的安全、快速钻井侧重点，尤其是盐下钻井是世界级难题，每年因为盐下层钻井事故报废的井时有发生，造成的工程时间损失和经济损失很大，加强这一领域的研究和调研，对于我国复杂井、深井钻井具有很好的指导和借鉴意义。

第6章　墨西哥湾钻井领域的常见新设备

第1节　地层可钻性及岩石力学特性

一般来说，墨西哥湾盐层钻井可以分为盐上、盐中和盐下3个部分。

盐上钻井一般不太考虑钻速问题，岩石强度并不大。盐上钻井主要考量井眼尺寸和防斜问题。

根据 Wilson 和 Fresrich 的研究结果，盐体的岩石强度通常为 3000 ~ 3500psi，相对比较小。"疯狗"油田曾经取过盐层岩心，UCS 无侧限抗压强度为 3335psi。

但是，由于盐体本身具有一定的塑性，因此钻压比起相同条件下的岩石要加大许多。大钻压对于盐岩的蠕变也有一定的抑制作用。

第2节　钻盐层的井下钻具组合

墨西哥湾盐层钻井有4种常见的基本井底钻具组合：

（1）常规钟摆防斜钻具。

基本靠钟摆原理防斜，没有定向控制。如果受到盐层应力影响则无法预知井轨迹。钟摆钻具常常用轻压吊打防斜纠斜，对于钻速影响甚大。

（2）导向可替换马达（Steerable Positive Displacement Motor）。

导向可替换马达可以有效地防斜，并且克服盐岩应力带来的轨迹偏离，但是钻速不快。很多现场应用表明，使用导向可替换马达钻具后，钻速骤降 60% 以上。有些钻井队为提高钻速而不做纠斜措施，让井眼轨迹随着地层应力偏移。这种做法在部分井中是很适用的，尤其是经验偏离轨迹和井眼设计轨迹差不多的情况。但多数情况下，如果浅层直井段井斜过大，以后再钻深井时就会增加扭矩，并造成起下钻困难。

（3）旋转导向钻具组合。

目前，旋转导向系统已经开发出应对 26in 大井眼的系列了。Israel 等详细地论述了如何将旋转导向系统应用于大井眼钻井。大井眼的旋转导向系统应用目前可以达到和小井眼差不多的效果，旋转导向系统导向可以有效防止应力带来的偏磨和侧滑，有利于快速钻进。旋转导向系统现在还有比较先进的加装装置，一个内置环自动寻找铅锤方向保直，可以使得井眼近乎铅直。旋转导向系统因此也可以节省钻井时间。

（4）旋转导向系统配合高扭矩高速马达。

旋转导向系统配合高扭矩高速马达可以有效提高钻井速度。Copercini 等曾对旋转导向系统配合马达的使用机理进行过研究。

一般不推荐使用震击器。任何情况下的井底钻具组合在钻立管钻井时都不建议使用，目前市场上的海洋钻井用震击器最大尺寸是 $8\frac{1}{4}$in 外径，在大井眼钻具中属于比较脆弱的部位。大量钻柱扭断出现在震击器这一薄弱环节中。立管钻井时管柱压差卡钻的风险不大，压差小，井眼大钻具与井眼接触面积也小，一旦遇到阻卡后，加入少量清水即可解卡。

目前 PDC（Polycrystalline Diamond Compact）钻头的性能越来越好，技术的进步催生了大直径的 PDC 钻头。PDC 钻头在岩层中钻井非常有效。PDC 钻头自身的研磨和剪切作用作用于盐层，效果明显优于牙轮钻头。牙轮钻头在镶齿和铣齿中的应用都不如 PDC 钻头。

常规的镶齿牙轮钻头想要达到 PDC 钻头的钻速，必须施以很高的钻压，而钻压太高，轴向和纵向震动的风险又增加不少。牙轮钻头要达到和 PDC 钻头一样的效果需要达到 70kip 钻压，PDC 钻头只需 25kip 即可。钻具震动的后果很严重，首先震动会额外消耗能量，直接降低钻速；其次，震动会使井下工具 MWD 或者 LWD 失效。

旋转导向系统加装马达配合 PDC 钻头立管钻井钻盐岩段比较适合。动力钻具+旋转导向系统需要的钻杆转速比较低，而且直接向钻头施加扭矩，可以有效防止由于 PDC 钻头尺寸过大和转速太快引起的侧滑。大扭矩和高转速施加在钻头上，可以加快盐层钻井速度。但是动力钻具+旋转导向系统搭配也有缺点，第一个缺点是 MWD/LWD 传感器距离钻头更远了，会导致井下数据测量误差增加；其次，会使得井下钻具组合变得更加复杂，增加额外风险。

钻井过程中的成本控制也需要考虑。旋转导向系统和钻头的选择会增加一部分成本，这部分成本最好能从时间和泥浆使用量上得到补偿。大量钻井结果表明，如果立管钻井部分的盐层段不超过整体井段的 40%，在盐层钻速能提高 30%，那么旋转导向系统的成本就是可以接受的。这两个参数在确定时没考虑其他因素的影响，比如钻机可能会因其他故障造成成本增加，因此经济性上属于数值的底限，否则使用旋转导向系统将会得不偿失。

第 3 节　钻井新技术：复合式钻头
钻盐层，可降低钻井风险

墨西哥湾深水区钻井风险很多，盐丘造成的风险尤为突出，盐丘给钻井带来的不利因素包括盐层蠕变、井眼不稳定、盐水入侵井筒、焦油层等。本小节重点分析井下钻具震动的问题。在盐层互层的情况下，钻井过程中的钻具震动问题是很突出的，同时经常钻遇坚硬的岩石，对钻具的磨损也非常大，井下压力的变化有时也会非常剧烈。

目前，墨西哥湾开发的水深往往超过 1200m，在井深特别深的情况下，长管柱也会带来一系列的风险。扭转震动、横向震动和钻具异常旋转对于井下钻具组合的影响非常大，经常会损害钻具造成额外的起下钻具。钻遇盐层互层的层位也经常造成钻进不稳定，有时会造成钻井失败。地质沉积的互层现象对钻井的危害表现为扩孔器和钻头分别处于的层位软硬不均匀，造成速度脱节，引起钻具震动从而危害施工。因此，钻头在相同钻速下的钻进速度是否可调，对于克服互层危害意义甚大。

PDC 钻头本身就比牙轮钻头更易引起震动，虽然 PDC 破岩的效率很高，但是震动的危害不容忽视。

本小节中案例记述的是工程人员为克服钻具震动所做出的工程试验。为克服井下钻具震动，工程人员选用了复合钻头，选用井段在 533.4 ~762mm 井段。事实证明，这种双切削部位的钻头可以有效改善钻柱受力状况，很好地控制扭矩变化，并且可以控制钻头的切削能力，根据地层情况尽力保持扩孔器和钻头速度不发生脱节。

这种钻头可以有效减轻钻具震动，提高钻速。工程人员将复合式钻头和常规 PDC 钻头进行了对比，数据显示，复合式钻头可以比较持续、平缓地改变钻头破岩速度，因而对互层地层有更好的适应性。

1. 技术简要介绍

目前勘探开发的热点地区在墨西哥湾的深水区，水深一般超过 1200m，本小节案例集中位于 Walker Ridge，Keathley Canyon 以及 Garden Banks，均属于墨西哥湾深水区中心部位。

盐岩层主要的矿物为石盐，盐下为泥岩、黏土、粉砂岩和砂岩，间混有石灰岩。盐层厚度为 3000m 到 6000m 不等。图 6-1 为常见的墨西哥湾地层岩序结构。

本小节中案例的井段为 533.4~762mm 井段，位于 558.8mm 套管鞋之下，井眼轨迹呈"J"型，狗腿度为 1.5°/300m 或者更低。狗腿度过大会导致下套管困难，扭矩过大。井下钻具组合安装有旋转导向装置和扩孔器，主要用来应对盐岩

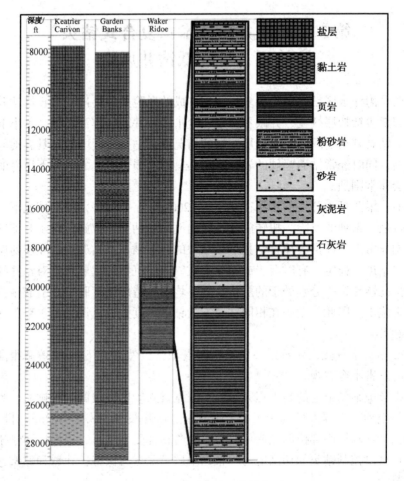

图6-1 墨西哥湾地区岩性序列

的蠕变风险，在固井时降低当量循环密度。

钻该井段的通常做法是用常规PDC钻头，8个刀头安装16mm切削齿，胎体材料绝大多数为不锈钢。8个刀头的钻头钻速很快，这种钻头也是经过大量实践才最终定型的。

试验用的钻头为复合式钻头，组成部分为3个刀冠和3个刀头，切削齿仍然为19mm。钻头外观如图6-2所示。

2. 钻井问题

盐岩一般归类于蒸发岩类的沉积岩，包

图6-2 18⅛in复合钻头

76

括石灰岩、白云岩、石盐、硬石膏和钾盐等组分。其中的盐分形成于盐水中盐类的析出堆积，随着盐浓度的升高会有一部分结晶化并析出，盐床中发现了构造替代现象，表明盐类沉积的形成是长时间世代交替的结果。在盆地中形成的盐岩与海水相阻隔，岩层本身的孔隙度和渗透率都很低，压力传导性能很差，一般认为是油气资源的良好圈闭，密度也比较均匀，随着深度的增加，盐类的密度基本没有太大的变化。但是盐岩的蠕变性很强，抵抗偏向应力的能力很差，在外力的作用下容易塑性形变最终达到各向同性应力的平衡。随着沉积作用日积月累，盐岩上覆的沉积物越来越厚，最终驱使盐岩沿着上覆岩石的薄弱环节向上突进，形成了独特的盐岩突进构造。盐岩独有的物理性质造成了这种比较特殊的地质构造，并且对原有地层进行了破坏，造成地层应力的异常变化，这对钻井是不利的。和盐层相毗邻的层位一般都属于这种压力异常的破碎带，是钻井事故的高发地层，钻井过程中应当越快钻过越好，然后尽可能快地进行固井作业。

钻井过程中进入和离开盐岩的过程应当尽可能保证平稳，进入盐岩后，由于盐岩构造比较均一，可以对井下钻具组合进行优化，适当提高钻速，在盐层停留的时间越短，盐岩蠕变可能造成的风险就越低。

3. PDC钻头在钻盐岩层的实践效果

Keathley Canyon地区的盐岩性质比较均匀，但是采用PDC钻头钻进时经常会有一些我们不希望看到的现象发生，比如经常出现钻具的黏滑，这种不利现象在井下的每分钟偏离量和钻井平台的转速上都有体现。

图6-4所示的为不同深度下在盐层的PDC钻头的扭矩情况，里面也包括复合式钻头的扭矩，除了Run1外，其余的钻头都配合有同心扩孔器。PDC钻头的剪切作用很强，因此扭矩的震动比较剧烈，即便关闭同心扩孔器，情况也没有得到好转。如表6-1所示，PDC钻头的扭矩变化非常强烈，扭矩变化会引起扭震，从而大大降低钻井速度。因此，在使用常规PDC钻头进行盐层钻井时，黏滑作用、横向震动和扭震这些不利因素均会经常遇到。

表6-1　PDC钻头和复合钻头的扭矩偏离对比

下钻	扭矩/(ft·lb)	
	平均值	标准值
Run 1-PDC	29788.6	3989.5
Run 2-HYB	31453.3	3843.9
Run 3-PDC	38260.9	10915
Run 4-PDC	30952.8	5484.8

4. 钻头和扩孔器的同步配合

墨西哥湾地区的同心扩孔器一般安装位置是在钻头上部约30m处，如此长的距离导致钻头钻遇的层位和扩孔器扩孔的层位差别很大，这种现象在盐下区和互

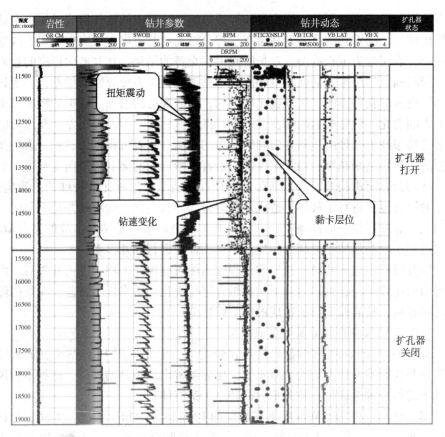

图 6-3　PDC 钻头在盐层中的力学变化

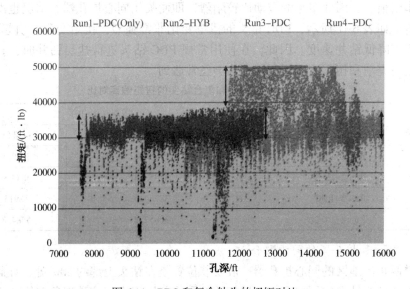

图 6-4　PDC 和复合钻头的扭矩对比

层严重区特别明显，是难以避免的。遇到这样的地层的直接后果就是钻头钻速和扩孔器钻速不能保持同步，从而引起严重震动，甚至会损害井下钻具组合。一旦钻具损坏就需要起钻作业，计划外的起钻作业增加了操作的风险，加大了钻井成本。

5. 临井表现

另外一口井的 533.4~762mm 井段也采用 PDC 钻头进行钻进，1 个 PDC 钻头分别打了 1673m、2316m 和 1027m，平均钻速分别为每小时 27m、29m 和 32m。PDC 钻头为了保持钻井整体稳定不发生震动，对钻头设计是偏向稳定性的，这就牺牲了一部分破岩效率。如果能引进一种新型钻头能够既保证破岩效率又不至于钻具震动，则可以有效解决这一问题。

综上所述，新型钻头需要具备的性能包括：

（1）能够充分适用于盐层和盐下层，保持更快的钻速；

（2）能够最大限度抑制扭矩的跳动，尤其是在钻盐层和盐下层位时；

（3）尽量释放钻速；

（4）尽量保证钻头和井下钻具组合的可靠性，尽量延长可钻井段的长度；

（5）通过旋转导向工具的配合能够提供更好的导向能力。

6. 复合式钻头

油田服务公司最终选择了 Hybird 钻头作为岩层钻井的下一代主力钻头。复合式钻头结合了牙轮钻头的冲击破碎特点和 PDC 钻头的剪切研磨特点。图 6-5 所示为复合式钻头破岩的剖面图，中间圆形部分是依靠 PDC 部分的剪切研磨，外环部分是依靠牙轮刀头和 PDC 刀头的共同作用所形成的。外环部分的破岩难度是要高于中心圆部分的。

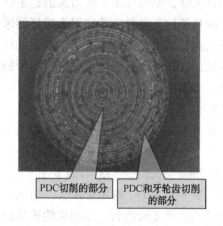

图 6-5　复合钻头切削剖面

牙轮刀头的冲击和顿钻作用使得地层岩石变得酥脆，随后，PDC 刀头就更容易的将岩石剪切磨掉。牙轮刀头还能提供力学稳定性，通过两个或者三个刀头的旋转，能创造一个补偿轴心，保证钻头居中不打歪，这种防斜工艺有别于其他种类的钻头，多数钻头的防斜工艺是采用切削齿固定臂的方式，利用固定原理防斜。

牙轮刀头还有切削深度控制的作用（Depth of Cut Control，DOCC），这种性能在钻遇地层互层时，以及在遇到钻压剧烈波动时特别有用。这种控制功能体现在牙轮刀头在钻井时能够"吃入"地层，固定的 PDC 刀头就没有这个作用。牙轮刀头通过在岩石上旋转加压对地层构成破坏，对于切削深度的控制比较得力，而且牙轮刀头可以帮助钻头均衡的分摊峰值钻压，在钻遇互层地层的时候，这种功能能够有效缓解不同硬度岩石对于钻头的损伤，从而大大提高钻速。

牙轮刀头在地层磨出凹痕后，固定翼 PDC 刀头随即将凸棱部分磨铣掉，能够产生很高的扭矩，从而提高钻速。固定翼 PDC 刀头还有稳定牙轮刀头的作用，我们知道牙轮钻头在钻井时的原理是不断地冲击地层，有时难免会出现跳钻现象，固定翼 PDC 刀头对牙轮刀头的这一特性有阻碍作用，从而使钻井过程更平稳。刀头中央安装一系列水力喷嘴，将岩屑从中央洗至四周，携岩的水流没有横流，提高了携岩效率。复合式钻头的构造特性使之不易产生负冲蚀磨损，喷嘴射出的水流更容易带走岩屑。特定钻井条件下，复合式钻头的这些力学和水力学设计非常先进，能确保清洁井底和降低井底温度的效率比常规钻头更为优异。

复合式钻头的切削齿力学特性集合了牙轮钻头和固定翼 PDC 钻头的优点，破岩能力更强，并且可控性也很强。这些特性使得钻头更不易偏离，钻进过程中各项参数也更容易保持稳定。与纯牙轮钻头相比，复合式钻头由于包含了 PDC 刀头，破岩能力更为强大。与常规 PDC 钻头相比，复合式钻头具有更好的稳定性和持久性，原因在于牙轮刀头的稳定作用使得钻进过程中的扭矩变化更小。

深井条件下密封失效和刀头损坏的风险很大，复合式钻头在设计过程中充分考虑到这些风险，并且加入了一些新的设计理念，比如中央固定刀头安装位置在最顶端，这样可以有效防止钻进过程中的横向移动。这样在钻井过程中即便密封失效，切削齿也不会移动。

7. 现场试验

复合钻头最初工程试验中，工程人员最终选定的是 Keathley Canyon 一口井的直井段，该段地层为比较均匀的盐层段，钻井用的钻头和扩孔器组合为460.375mm 钻头配合 533.4mm 扩孔器，开钻井段长度 1097m。钻井工程师最终选用了 3 牙轮 3PDC 的复合钻头，切削齿直径为 19mm。在钻头设计过程中，综合考量了边缘几何形状、切削齿的连接面以及硬质合金的等级等条件，确保钻头的性能最为适合。

8. 盐层钻井效果

在 Keathley Canyon 和 Garden Banks 地区的已钻井的盐层钻井效果中，工作人员选取了 3 个使用常规 PDC 钻头的和 4 个使用复合钻头的进行对比，钻用的钻头和扩孔器组合均为 460.375mm 钻头配合 533.4mm 扩孔器(除了第一个)，7 个钻井案例都是一次成功，没有更换过井下钻具组合，井下钻具组合均安装有旋转导向系统，钻进结束后，钻具都稍有磨损但都在承受范围之内。7 次开钻都是在直井段，进尺的差别也不是很大，因此假定钻具的扭矩变化也都比较平缓。通过

图 6-6 可以看到，第一次采用复合钻头时，钻速只有 31m/h，瞬间钻速曾达到 39m/h。工程人员对此作出了合理的解释：由于是新型钻头的第一次使用，具有试验性质，因此钻速要比临井速度最快的常规 PDC 钻头还要慢一点。随着第一次的使用效果被确认，配合复合钻头的钻具也随之进行了优化，最终使得使用该钻头时的钻速显著提高。如图 6-6 所示，后期继续使用复合钻头的平均井下钻速达到了 38m/h、47.7m/h 和 59m/h，分别都创下了其所在油田钻井的记录。对比相对应的常规 PDC 钻头，平均钻速分别增长了 20%、50% 和 86%。

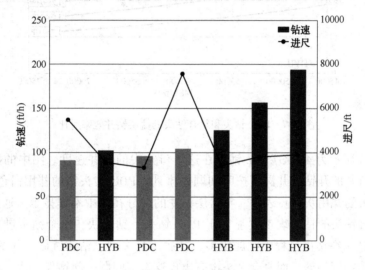

图 6-6　PDC 钻头和复合钻头钻速对比

9. 岩层钻井的力学分析

每一口井的钻井情况都不一样，钻井各项参数亦不统一，需要引进一个钻井效率来分析不同井的钻井效率。力学能量分析（Mechanical Specific Energy，MSE）就是钻井工程师经常采用的一种分析方法。该分析利用的参数马力、钻速都来自于地面，因此计算比较简便。图6-7所示为两种不同钻头承担的力学马力之间的对比。对比结果显示，复合钻头的钻井效率要明显优于常规 PDC 钻头，无论在何种钻井条件下其性能均体现得更好。复合钻头只有一例表现弱于常规 PDC 钻头，原因是这个案例中钻头是第一次用，不敢打太快，各项参数也都处于摸索阶段。

10. 盐下钻井情况

油田公司对复合钻头和全 PDC 钻头在盐下钻井的效果也进行了对比，选定的油田位于沃克山脊，实验井数也是 7 口，与盐层钻井实验不同的是，这 7 口井都位于同一个油田区块，对比效果更好。这 7 口井的钻井井段起始位置在 6096m 井深处，也就是盐层底部，计划钻至 7010m 井深起钻，钻头选用 460.375mm，扩孔器选用 533.4mm。在 6096m 井深处的定向已经完成，每口井的井斜角达到

20°~30°，也就是说实验井段并不是直井段，这对于安全钻进而言也是一种考验。

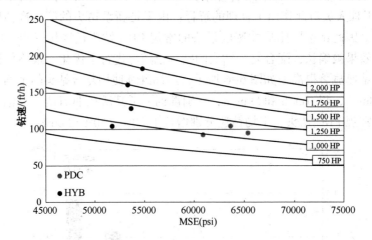

图 6-7　PDC 钻头和复合钻头的盐层钻井效率对比

图 6-8 所示为 460.375mm 钻头在这 7 口井中的钻井速度。图中的数字代表井号，每口井的开钻钻井深度按时间顺序排列。PDC 钻头钻的井用白色点表示，用复合钻头的井用灰色点表示。在盐层钻井的部分在图中不作显示。通过图 6-8可知，复合钻头的钻井表现明显优于 PDC 钻头，钻速快，单个钻头进尺也特别长。PDC 钻头在钻进过程中问题很多，井底工具失效、钻速过低、井壁不稳定，导致起下钻特别频繁。而复合钻头没有出现这么多问题，起钻仅一次，在 6 号井出现的，且其原因还是顶驱故障，而非井下问题。7 号井的复合钻头是用来开窗侧钻的，所以进尺也比较短。

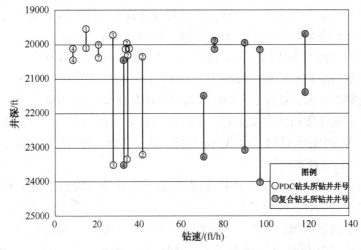

图 6-8　PDC 和混合钻头钻速对比（460.375mm 钻头盐下钻井效果）

11. 盐下钻井动态数据分析

工程人员发现，复合钻头在钻盐下层位时，工具震动情况显著弱于 PDC 钻头，通过图6-10可明显地看出这种差别，复合钻头的钻井震动非常小。图 6-9 所示为同一口井开始时用 PDC 钻头钻井，然后用复合钻头进行开窗侧钻的动态分析对比图。PDC 钻头的钻井动态用略浅的灰色显示，可以清楚地看到震动非常剧烈，轴向和纵向都是如此。当时钻井的层位是上新统的砂岩，钻速一度降到 15.24m/h，随后，PDC 钻头被起出井底。工程人员发现井下钻具组合有部件被震落在井底，为安全起见，钻井监督决定进行侧钻，使用复合钻头配合钻井马达。起出的钻具磨损非常严重(图 6-10)，钻砂岩层时形成了磨料磨蚀，对钻具的损伤非常严重。

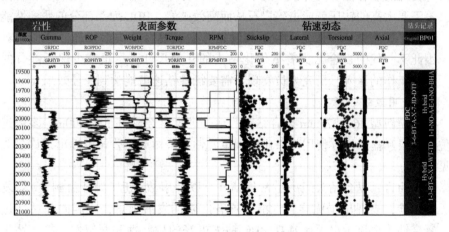

图 6-9　Hybrid 复合钻头和常规 PDC 钻头的工作效果对比

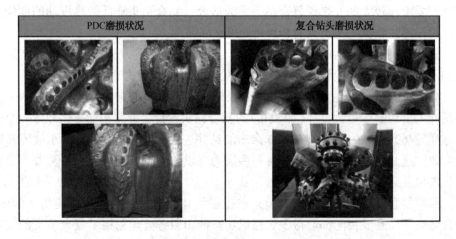

图 6-10　Hybrid 复合钻头和 PDC 钻头磨损程度对比

开窗侧钻的过程比较顺利，这要归功于复合钻头的优异性能。钻头钻穿水泥环的钻速达到了 37.8m/h，在地层中的钻速达到了 23.31m/h，随后钻具起出，下入旋转导向系统进行钻进。随后的钻速为 30m/h。复合钻头在钻进过程中显示出非常优异的稳定性，扭矩变化很小，震动相对轻微，对上新统砂岩的钻速很快，钻具上提后的磨损也相对轻微。

12. 复合钻头设计理念

钻头设计人员在设计应对墨西哥湾盐层和盐下层的钻头时，起初着重于钻速的提高，对于复合钻头的设计理念起初也是如此。除此之外，钻机能力和井下钻具组合的性能指标也会在设计时综合考虑，旋转导向系统和扩孔器必须和复合钻头具有良好的兼容性。复合钻头的重要组成部分牙轮刀头由碳合金制成，合金含钨，不需要太高的钻压就能击碎岩石从而高效破岩。PDC 刀头部分的研磨性能很强，有利于提高钻速。但是，经过实际钻井后的复合钻头保径部分磨损相对严重。因此下一代的复合钻头着重优化钻头的几何尺寸，尽量减少保径部分的磨损。随着工作的深入，研究人员发现不需要牺牲钻速就能达到保径效果。

13. 使用效果分析

目前，新型 460.375mm 复合钻头的钻井进尺已经超过了 12000m，多数进尺都位于盐层和盐下层，使用效果比较理想，钻井公司和油公司也提出了许多改进意见。

总体而言，复合钻头经历了常规钻井，以及事故处理（如开窗侧钻）等复杂情况的考验，表现出了优异的性能，具有广阔的发展前景，在定向井钻井过程中，复合钻头也显示出了比常规 PDC 钻头更好的稳定性和配伍性。复合钻头的控制性也优于常规 PDC 钻头，定向过程中需要转向的扭矩低于 PDC 钻头，对于狗腿度要求比较大的井来说复合钻头更为适合。复合钻头降低钻具震动的性能突出，对于延长钻具寿命也具有积极的意义。

复合钻头和扩孔器的配合效果要优于 PDC 钻头，这一点已经在钻井实践中得到了充分验证。牙轮钻头和 PDC 钻头配合工作的设计理念得到了验证。

460.375mm 复合钻头打 460.375mm×533.4mm 井段非常成功，接下来的工作中设计人员着眼于更大直径（如 26in）的复合钻头设计，并希望能尽快建立一个体系标准。460.375mm 钻头在 10000 余米的钻井进尺中没有出现任何轴承故障和密封失效，这充分证明了该设计还有一些潜力可供深入挖掘，设计人员将着手进行更长进尺复合钻头的研发工作。

回顾复合钻头的实际使用经验，在盐层钻井和盐下钻井的所有使用案例中，复合钻头和扩孔器搭配都取得了工程成功，油田服务公司总结了复合钻头的使用经验为：

（1）与常规 PDC 钻头相比，复合钻头钻盐层和盐下层的速度更快；

(2) 与常规 PDC 钻头相比，复合钻头的盐层钻井效率更高；

(3) 与常规 PDC 钻头相比，复合钻头钻盐层和盐下层稳定性更好；

(4) 与常规 PDC 钻头相比，复合钻头扭矩波动很小；

(5) 与常规 PDC 钻头相比，复合钻头钻盐下砂岩层过程中的钻具磨损较为轻微。

第4节　墨西哥湾钻井新设备、新工具

墨西哥湾独特的钻井技术要求催生了一大批相应的深海深井钻井技术，有些只适合在深井钻井中应用。

1. 第五代钻机

第五代钻机有效提高了岩层钻井的效率。第五代钻机最显著的特点是在高转速的情况下提供高扭矩，非常适合盐层钻井。钻井配有高压泥浆泵，可以采用水射流破岩钻进。提升系统和大钩载荷，可以一次下更长的管柱。泥浆罐容量更大，有利于立管钻井。由于墨西哥湾油井越来越深，固井的配套设备也加强了。截至 2008 年年底，共有 9 套墨西哥湾深水专用钻井平台正在生产。

2. 旋转导向系统

旋转导向系统的出现，直接挤压了井下动力钻具在墨西哥湾深水盐下钻井的应用。旋转导向系统在深水钻井中显示出强大的能力，可以有效提高钻速，保持井壁稳定，使井眼曲率更小。应用于立管钻井的超大直径 660.4mm 的旋转导向系统也日益成熟。深水钻井的高成本使得旋转导向系统发挥了不可替代的作用。

3. 钻头和扩孔器

对于墨西哥湾深井钻井而言，钻头和钻具的总体稳定性比一味追求破岩效率更重要。总体来说，盐丘钻井的 PDC 钻头应多于 6 个刀头，每个刀头的切削齿直径不应超过 19mm，若不符合会引起钻具震动，严重的还会导致井下工具解体失效。推荐做法是选用 7 个以上的刀头，切削齿直径 13mm（若为 457.2mm 钻头则采用 16mm 切削齿）。钻头和扩孔器的配合选用也很重要。若要防止钻具震动，则钻头的切削速率不能超过扩孔器。近些年来，墨西哥深水钻井公司采用了更大直径的钻头（406.4mm）和扩孔器（460.375mm）配合相应直径的旋转导向系统来打盐层。经验表明，齿距的宽度是维持 PDC 钻头工作稳定性的最重要环节，值得深入研究。

同心扩孔器在钻井工业历史中长期处于性能不佳的地位，下入井下后经常失效，难以打开。但是扩孔器对于盐层钻井具有特别重要的意义，在现在的技术发展状况下，扩孔器失效的情况已不多见。钻盐层的扩孔器可以有效缓解盐层蠕变带来的缩径问题，已经是墨西哥湾深水区钻井的标准配备之一。

4. 盐下层位成像技术

对墨西哥湾厚厚的盐层进行成像对于地球物理工程师来说难度较大。地震波在盐丘中的传播速度为 4420～4633m/s，在包裹盐丘的沉积物中传播速度只有该值的一半。据 Albertin 等(2002)的研究，在这种条件下进行声波成像所反映的地质构造很不准确。对于钻井队而言，对地下情况了解不准确就意味着无法准确地进行相应的钻井地质设计(尤其是很重要的盐下分界位置无法得知)，有时估测的深度和实际钻遇的深度甚至会相差几百英尺。三维叠前成像在某种程度上可以缓解波图的不准确性，其原理是利用三维叠前成像技术可以减少时间偏移造成的误差。但由于盐岩层经常出现很强的各向异性，时间—深度转换仍存在着较大的不确定性。墨西哥湾地区盐下成像技术是一个须投入大量精力研究的技术，人们的目的是尽可能精细刻画盐下构造，降低钻井风险。这项技术的进步有助于在钻井设计阶段就弄清可能出现钻井复杂情况的层位、碎屑岩层的突然泄压点以及孔隙压力的不确定点。

5. 实时监测技术

墨西哥湾深水区的盐下钻井对于实时监测技术的要求非常高。对于超过6000m 的深井来说，每做一个决策都需要充足的信息、尤其是井下信息进行支撑。因此，墨西哥湾地区的钻井队和甲方单位都想法设法研发新的技术来保证及时获得井下工况，缩短井下复杂情况的获知用时。这对于成功钻井意义重大。

目前，实时监测中心和工程技术服务中心是墨西哥湾地区盐下钻井的标准配套服务部门。这两个部门一般位于陆地上，工作目的是提高海上平台和陆地技术支持队伍之间的沟通效率。井下实时数据要能够被迅速转码传递，有利于迅速做出正确决策。一般来说，监测中心监测的数据主要有井下钻具的震动情况、扭矩和拉力、井眼清洁程度以及孔隙压力情况。实时监测中心随时帮助现场工程师优化各项钻井参数，能够有效降低非生产时间。

6. 随钻测试技术(MWD)

盐层钻井随钻测试技术的要求也是非常高的。盐层钻井条件下钻具的工作环境非常恶劣，要求测试结果准确可靠。一般来说，盐层钻井需要随钻进行测试的参数包括：钻具震动情况(纵向、轴向和扭曲震动)、钻具偏滑情况、井下钻压、井下扭矩。钻具与井壁之间的环空压力及当量循环密度(ECD)也要测量，尤其是对于盐下层位来说，井控工作非常难做，要求 ECD 测试结果非常精准。

截至 2008 年，MWD 在墨西哥湾钻井领域比较新的一项技术是关于数据传递的，这项新技术的工作原理是井下各种工况被实时传递给一个遥测工具，这个遥测工具对于不同的数据具有优先安排的能力。也就是说，在钻盐层时，带宽被优先安排给井下工具的侧滑和震动数据，一旦钻离盐层，在地面可以发送指令给井下，带宽则被优先安排给声波测试和 ECD 测试，因为此时井下更重要的任务是监测地层压力。

7. 随钻测井技术(LWD)

虽然墨西哥湾地区的盐下钻井通常不需要特殊的对油层岩石物性的测井能力，但是从提高钻井速度和优化钻井设计角度而言，盐下钻井的 LWD 也是不可忽视的。钻井公司现在越来越重视 LWD 给钻井带来的优势。

伽马射线：一般安装在距离钻头 3m 的部位。当钻遇夹层或者钻离盐丘时，可以协助判定岩性特征的改变，配合钻井各项参数(钻速、钻压、扭矩)判断钻遇的层位。

声波测井：钻遇夹层和盐下破碎带时，声波测井可以有效判断岩石沉积物的压缩性，从而间接预测孔隙压力。通常情况下，电阻率此时仍然受到盐层的干扰而不能有效工作。声波测井的数据对于该地区的地质力学模型，尤其是盐丘模型的建立非常有帮助。这些模型有助于建立盐丘地质应力的分布状况，尤其是不同深度的分布状况。这对于未来的钻井设计帮助很大。但是声波测井装置受钻井噪音和井下钻具组合影响很大，在井下钻柱设计时应当考虑这个因素。井下钻具组合设计时应当考虑到声波测井装置的震动幅度，以免下入的井下声波测井装置失效。

随钻地震：随钻地震数据有助于判定盐下分界线的深度，如果盐下层实际位置和钻井设计判断的盐下位置出入太大，那么目的层位的深度也会随之改变。随钻地震数据得到的信息修正会被用来修正井眼轨迹，避免由于工程过于复杂而无法钻中目的靶位，或者由于工程复杂而不得不实行侧钻。

第 5 节　钻井新技术：同心扩孔器和旋转导向系统优化软件应用于盐层钻井

墨西哥湾地区厚度较大的盐层给开发过程带来了很大的挑战。盐层的 UCS 值很低，而且盐岩的塑性强，易蠕变。盐层钻井必须采用扩孔技术，然而这项技术在盐层中出现了很多问题，尤其在井眼轨迹不是铅直的情况下，扩孔工艺遇到的问题常常会导致井下复杂情况的发生。

近年来，斯伦贝谢公司研发了一种 4D 模拟软件 Integrated Dynamic Engineering Analysis System(IDEAS)。经过实际使用反馈，IDEAS 可以有效提高盐层钻井的钻速，保持定向段的井壁稳定，宜在墨西哥湾地区推广使用。这种软件有庞大的数据库，可以模拟各种不同的旋转导向系统、井下钻具组合，还能优化设计钻头和扩孔器的切削结构，从而帮助业主在进行钻井工程设计的同时对定向钻井的井下钻具进行相关的修正，以利于快速钻井。

1. A 井的使用效果

A 井位于密西西比峡谷地区，是一口"J"型定向井。该井的井眼轨迹要求保持以 44°的井斜角穿过盐层，中间井斜角不能变化，用的钻头尺寸是 368.3mm 的，配合以 419.1mm 的扩孔器。如果不用 IDEAS 软件，本井只能采用 311.15mm 钻头配合 374.65mm 扩孔器，目的是保证井斜角为 40°，然后调整为 15°。

由于该井采用了 IDEAS 模拟软件优化了扩孔器切削齿的结构布局，优化了井下钻具组合，并且根据模拟结果挑选了最为适宜的 PDC 钻头，效果非常明显，打 1836m 的纯钻速达到了 24m/h，最终该井下入钻具组合打了 2393m，整体钻速为 17m/h。可见 IDEAS 软件的作用是很显著的。

2. B 井的使用效果

B 井是 A 井的邻井，该井的井眼轨迹呈"s"形，钻头和扩孔器配合尺寸要求分别为 374.65mm 和 419.1mm，目的层段厚度为 2706m，在盐上需要造斜并保持 35°的井斜角，但是需要保证在进入盐层之前恢复 100%的铅直井眼。除去这些基本要求，业主单位非常关心钻速问题。在 B 井进行工程设计时，参考了大量 A 井的钻井日报和数据分析。事实证明，IDEAS 软件的运用，又配合临井进行的数据分析，使得 B 井在施工过程中打出了惊人的钻速，总钻速为 30m/h，纯钻速为 39m/h，相比于 A 井，这两个数据都增加了 80%。

3. 新技术使用的基本情况

2002 年 9 月，壳牌公司宣布在墨西哥湾 Mars 盆地有油气商业发现。该油田坐标处水深 900m，位于路易斯安娜州 Port Fourchon 市的东南部。

壳牌公司长期在 Mars 盆地附近进行商业油气开发，因此有可供使用的闲置钻井平台，这部钻井平台的特点是其顶部驱动装置扭矩特别大，动力十足。壳牌公司想利用平台的高性能，在完成打井的同时尽可能稳斜、和控斜，同时还要提高钻速、降低成本。本小节重点讲述该平台在稳斜、控斜和提高钻速方面的尝试。事实证明，4D 模拟技术可以有效验证井下钻具组合的排列是否合理，验证钻头和扩孔器的结构是否科学、高效，从而协助优化井下钻具的设计。通过应用先进的技术，B 井成功打出了高钻速，创下了该钻井公司盐层扩孔的最高钻速记录(仅仅用了 65 个钻井小时)，钻速远超 A 井。

4. A 井的钻井工程设计

1) 井深结构设计基本目标

A 井井位坐标处的水深为 945m。计划钻穿的盐层进尺约为 4572m。设定井眼轨迹的定向计划是：在采用 419.1mm×508mm 井下钻具时进行造斜，造斜至井斜角 44°，然后采用 368.3mm×419.1mm 的钻具组合进入稳斜段，维持井斜角为 44°，最后进入降斜段时采用的是 311.15mm×374.65mm 钻具组合。值得一提的是，368.3mm×419.1mm 以及 311.15mm×374.65mm 的钻具组合使用过程中都处于盐层井段。

钻井设计的核心是：在不影响原有的井眼轨迹和井下钻具组合设计的基础上，尽可能提高机械钻速。

2）动态模拟工作

壳牌公司将井下工具组合设计外包给了一家工程技术服务公司，该公司进行了井下钻具组合的优化设计分析，进行了钻头和扩孔器的型号优选，还进行了钻井参数的敏感性分析。所有分析使用的都是 IDEAS 软件。

IDEAS 软件是一个综合性的 4D 有限元模型，可以针对某个特定地层，在给定的操作参数范围内，预测整个钻井系统的整体工作状况，还能够模拟井下钻具组合随时间变化的瞬间反应。整个模型整合了下述信息（均为钻井过程中非常重要的参数）：

（1）岩石的力学性质；

（2）钻头和扩孔器的设计，其中包括切削齿的尺寸、前角以及胎体的各项技术参数；

（3）旋转导向的力学性质，以及旋转导向工具驱动系统的几何尺寸；

（4）井下钻具组合各个部分的的各项物理性质；

（5）岩层的各项特征，包括非均质性、各向异性及地层的夹层；

（6）井眼轨迹参数和井眼尺寸参数；

（7）地面和井下各项作业参数，包括钻压和转速。

IDEAS 软件广泛适用于各种类型的井下钻井模拟中，只要能够提供井下钻具组合的详细信息即可。通常情况下，需要输入参数的井下工具包括旋转导向系统、PDM、PDC 钻头或者是牙轮钻头、稳定器、扩孔器、MWD 或者 LWD，以及其他组成井下钻具组合的部件。经过对上述参数的计算处理，IDEAS 软件能够提供的数据包括加速度、速率、受力状况、弯曲度以及钻具不同节点位置的位移状况。在德克萨斯州的休斯顿市，油田服务公司设有钻井专业实验室，在实验室里科研人员对墨西哥湾地区的地层岩心进行了详细分析，从而可以提高软件的模拟精确性，尤其可以对工具与岩石接触部位的受力状况进行更为精确地量化分析。实验室还对各种钻具的破岩效果进行了实验，这些实验都在高压状态下进行，主要是模拟实际工况条件下的钻头凹陷和刮削能力。

IDEAS 软件还可以模拟软硬不均地层对钻具的影响，在实际钻井过程中，地层夹层现象是非常普遍的，有时钻头在软地层而扩孔器在硬地层，有时候钻头在硬地层而扩孔器在软地层，软件模拟过程中也需要考虑这种特殊的地质条件。

IDEAS 软件的输出端可以提供一个完整的钻具优化解决方案，可以为施工单位提供井下钻具组合、切削齿布局和操作具体参数的设计选项，以供钻井工程师进行优选。IDEAS 软件对每一次开钻都有一个比较明确的工程目的，设计几套井下钻具组合的方案，同时也考虑了组合方案的技术可行性，经过对不同方案的标准化比较最终得出一个最佳方案。

5. 钻头选型

A 井 368.3mm×419.1mm 区间段的钻头选型有两种方案，第一种是 8 齿 PDC 钻头带 13mm 切削齿，第二种是 6 齿 PDC 钻头带 19mm 的切削齿（图 6-11）。工程人员对这两种钻头的使用并不陌生，这两种类型的钻头在大量工程实践中得到了充分的应用，经过软件的模拟，对各项参数进行了优化。

图 6-11　A 井的两种钻头选型方案

6. 扩孔器选型

墨西哥湾地区的油田服务公司 2003 年首次将 PDC 钻头应用在扩孔器上。图 6-12 所示为 3 种扩孔器切削齿布局：

（1）第一种布局：被动型多样布局（Passive Plural Set Layout），属于第一代布局，后来在此基础上又进行了改进，增强了切削齿的性能；

（2）第二种布局：单体切削布局（Single Set Cutting Structure），是第一种布局的增强版本，2009 年推出。

（3）第三种布局：在第一种、第二种布局的基础上，又增加了热稳定性更好的 PDC 材料，使得扩孔器的清净能力和冷却能力均有了较大的提高。

A 井在 374.65mm×419.1mm 井段的扩孔器选择时，主要考虑了 13mm 和 16mmPDC 切削齿的混合搭配，以及仅使用单一 13mm 切削齿这两种方案。

第一种布局　　　　第二种布局　　　　第三种布局

图 6-12　A 井的扩孔器切削齿布局

7. 软件分析结果

壳牌公司对 A 井 374.65mm×419.1mm 井段的井下钻具搭配设计进行了软件模拟，模拟过程和结果如图 6-13 所示。斯伦贝谢公司负责提供井下钻具组合的备选方案，井下钻具组合里面还包含了一套指向钻头式的旋转导向系统，各备选方案都进行了数据计算和模拟。钻压和转速是根据临井资料得出的估值。壳牌公司的工程人员重点关注 3 个方面的模拟结果，进而从备选方案中选择最合适的钻头和扩孔器，这 3 个方面的结果包括：

(1) 钻头和扩孔器的侧向震动；

(2) 转盘扭矩以及扭矩变化对钻头和扩孔器的影响；

(3) 钻速模拟。

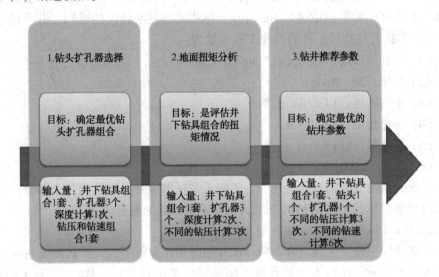

图 6-13　A 井井下钻具分析过程

根据综合分析的结果，工程人员发现 6 刀翼 19mm 切削齿的 PDC 钻头尽管能够提供更高的钻速，但同时侧向震动也非常严重，而 8 刀翼 13mm 切削齿的 PDC 钻头搭配任意一种扩孔器都能够比较稳定地钻进，因此，工程人员决定选用 8 刀翼 13mm 切削齿的 PDC 钻头钻 374.65mm×419.1mm 井段。扩孔器的模拟结果显示，单尺寸切削齿扩孔器（图 6-13 中第二种布局）对扭矩造成的震荡式影响最低，低于多尺寸的切削齿扩孔器。最终 A 井 374.65mm×419.1mm 井段采用的钻头扩孔器组合为 8 刀翼 13mm 切削齿配合单尺寸切削齿扩孔器。

IDEAS 软件还模拟了一系列不同钻压和转速下的钻井情况，给出了相应的钻井参数，对于实际钻井有着很好的指导性意义，能够有效避免钻具的震动。

A 井 374.65mm×419.1mm 井段的钻头扩孔器配合仍旧采用 IDEAS 软件进行

了模拟，最终选用 7 刀翼 16mm 切削齿的 PDC 钻头，配合使用单尺寸切削齿扩孔器。

8. A 井实际钻井时的情况

1）374.65mm×419.1mm 井段

在该井段中，扩孔器安装位置距离下部钻头 30m，在钻头和扩孔器之间安装的是旋转导向、MWD 以及 LWD 工具。当钻具下到 3310m 井深处时，从井口平台投入一个球，泵送入井底，然后扩孔器开始工作。为了确保扩孔器打开，扩孔器的位置一般放在距套管鞋下部不远的位置，司钻先旋转几圈扩一个几米的孔，然后上提钻具，如果被套管鞋卡住则说明扩孔器已经打开。

开钻后，使用这套钻具一次性打了 2393m，打到井深 5663m 处，总共用时 143h。此次开钻的平均钻速为 16.4m/h，除去处理复杂情况的时间，井下纯钻为 20m/h。本次开钻盐层扩孔的其他工程参数为：

（1）钻井液密度：14.4ppg（1ppg=0.12g/cm^3）；

（2）钻压：20~70klb；

（3）平均转速：143r/min；

（4）转盘扭矩：27klb·ft

（5）泵排量：1145gpm；

（6）泵压：4700psi。

本次开钻钻完后钻具起出地面，工程人员仔细检查了钻具的各个部分，工具都没有严重损坏，尤其是 PDC 切削齿没有严重损坏的痕迹。

2）311.15mm×374.65mm 井段

在该井段中钻井工具组合和前一次开钻时相比差距不大，扩孔器安装位置距离下部钻头 29m，在钻头和扩孔器之间安装的是旋转导向、MWD 以及 LWD 工具。当钻具下到 5679m 井深处，从井口平台投入一个球，泵送入井底，然后扩孔器开始工作。司钻和上次开钻一样，先旋转几圈扩一个几米的孔，然后上提钻具，确保扩孔器工作良好。

这次开钻使用这套钻具打了 1836m，打到井深 7480m 处，总共用时 75.2h。这次开钻的平均钻速为 24m/h。本次开钻盐层扩孔的其他工程参数为：

（1）钻井液密度：15.2ppg；

（2）钻压：20~60klb；

（3）平均转速：130r/min；

（4）转盘扭矩：34klb·ft；

（5）泵排量：890gpm；

（6）泵压：5150psi。

A 井的这两次开钻，井底钻具的震动现象非常轻微，也没有显著的黏卡现象，钻井过程整体比较顺利。井眼轨迹保持得也较好，井下工具工作良好（图6-14）。固井过程也比较顺利，346mm和298mm套管下井固井过程没有过于复杂的情况出现。

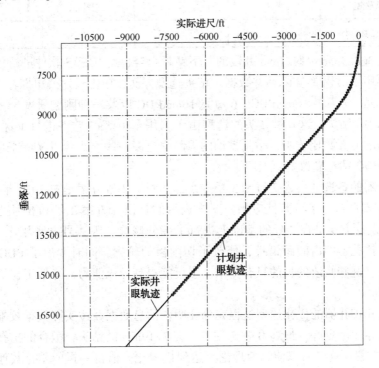

图6-14 A井井眼轨迹

9. A井钻井工程总结

在A井两次开钻都顺利完井后，壳牌公司要求斯伦贝谢公司进行368.3mm×419.1mm井段的钻井工程总结，从而为B井进行经验、技术储备。壳牌公司重点要求服务商研究钻井提速问题，因为壳牌公司能够提供一套更新、更大的钻机，有着更强大的顶驱扭矩，自然也希望钻井速度能够更快。为了达到这个目的，壳牌公司给斯伦贝谢公司提供了关于A井的非常详尽的地面平台和井下的钻井参数，同时也制定了B井的钻井设计施工计划原则，B井的盐层段和A井一样选用368.3mm×419.1mm的钻头扩孔器搭配，盐层段的钻井长度为2689m。

斯伦贝谢的工程师取得了业主方提供的详尽参数，并将其输入IDEAS软件，进行比较详细的参数优化研究。根据A井的钻井记录，斯伦贝谢总结出了一系列参考性的工程参数，比如钻柱质量、转盘转速、扭矩、钻速等，有力指导了B井的钻井工程设计。他们采用的是迭代计算法，软件模拟的估值一遍一遍地代入计算，直到钻速和转盘扭矩(软件模拟所得)与钻压和转速(实际钻井记录)相互匹配。用软件进行校准迭代可以让钻井工程设计数据更加精准(表6-2)。

表 6-2 计算数据和实际钻井数据

数据	钻速/(ft/h)	钻压/klb	钻速/(r/min)	转盘扭矩/(klb·ft)
记录数据	80.1	52	142	30.6
尺寸研究的结果	83	50	140	33

B 井 368.3mm×419.1mm 井段的井下钻具组合也用 IDEAS 软件进行了优化模拟，也参照了 A 井的实际钻井数据。钻头选型方面，斯伦贝谢公司推荐了 3 种钻头，分别是：7 刀翼 16mmPDC、6 刀翼 16mmPDC 以及一种刚刚研发出来的 6 刀翼 19mmPDC 钻头。这几种钻头的选型由于采用了 IDEAS 软件进行了优化模拟，因此选用的刀翼数比较少，钻具震动的风险也更高一些，比 A 井实际采用的 8 刀翼 13mmPDC 钻头显得要更大胆一些。

扩孔器的备选方案为 2 号和 3 号方案，其中第 3 号方案是在 2010 年研发的，2011 年在现场进行了试验性应用。图 3 表示的是设计方案 2 号和 3 号之间的区别，3 号设计方案是在 2 号的基础上进行了部分修改，跟 2 号方案相比，3 号方案修改了扩孔器的齿间距设计，修改了切削齿的轮廓，同时取消了 PDC 切削齿的中间行，这些修改的目的只有一个，尽可能提高导流能力，降低工作液的流动阻力。

钻头和扩孔器的优化选型过程充分证明：信息数据经过实际数据校准后，对工程的指导作用更好。最终 B 井选用了 6 刀翼 19mm 的钻头，配合的扩孔器选用 3 号设计方案，这样可以使钻速理论上达到最大化。值得一提的是，其他种类的钻具组合的稳定性也都比较理想，模拟过程中并没有发现严重震动的情况。

10. B 井的钻井记录

B 井 B368.3mm×419.1mm 井段采用的扩孔器安装位置在钻头向上 122ft 处。在钻头和扩孔器之间安装的是旋转导向、MWD 以及 LWD 工具。当钻具下到 3496m 井深处时，从井口平台投入一个球，泵送入井底，然后扩孔器就开始工作。司钻和上次开钻一样，先旋转几圈扩一个几米的孔，然后上提钻具，确保扩孔器工作良好。

此次开钻用这套钻具打了 2706m，打到井深 6257m 处，总共用时 96h。此次开钻的平均钻速为 30m/h，纯钻速为 39m/h。比 A 井相同层位相似距离时间节省了 65h，本次开钻盐层扩孔的其他工程参数为：

（1）钻井液密度：15.1ppg；

（2）钻压：20~40klb；

（3）平均转速：150r/min；

（4）转盘扭矩：42klb·ft；

（5）泵排量：1100gpm；

（6）泵压：6300psi。

B 井 368.3mm×419.1mm 井段采用的钻具没有明显损伤。

11. 使用效果分析与讨论

由于采用了新技术，壳牌公司对于 B 井钻速的期望值很高。正因为有着先进软件进行井下工具模拟，所以钻井方案可以大胆地采用更为冒险的钻头和扩孔器。如果没有充分的理论支持，操作者在实际钻井过程中通常不敢冒险采用 6 刀翼钻头。

B 井完井报告对于该井的定向完成情况作出了很高的评价。B 井的井眼轨迹设计中要求造斜率是每 30m 造斜 1°，实际井眼轨迹造斜率会高一些，达到每30m 造斜 2.7°。B 井的造斜点在 3821m 井深处，选用的造斜工具是推靠钻头式旋转导向系统旋转导向系统，从 4364m 井深处开始稳斜，保持的稳斜段角度是35°，一直到 5489m 井深处开始降斜成垂直段，在 6090m 井深处完全垂直钻进。

B 井记录钻具震动的仪器是 MWD 工具，整体记录情况表明，钻具的震动情况不严重，没有影响到正常施工的进行。操作者壳牌公司和工程服务商斯伦贝谢公司没有预料到钻速提升如此显著，整体节省了近 3 天时间。钻速的提升除受IDEAS 软件使用的影响外，可能还受到了其他因素的影响，例如，钻头和扩孔器的加工工艺是有所改进的，流体的通过性也有所提高了，使得钻屑离开井底的速度可能也随之加快。此外，水力因素的改善也可能促进了钻速的提升。

IDEAS 软件有着良好的使用前景，可以应用于钻头和井下工具选型，从而更好地完成既定钻井目标。数值模拟技术在钻井工程中的应用目前还比较有限，因为钻井工程参数比较多，限制了模拟技术的发挥，但斯伦贝谢公司的这项产品仍然比较精确的模拟了钻井体系的工作动态。这两口井的工程实践也证明：工程迭代法可以有效地结合上一口井数据和下一口井的模拟数据，指导临井开发过程。尤其是在临井井数比较多的情况下，有更多的工程数据作参考，IDEAS 软件的使用效果会更好。

第7章 深海钻井的未来——控压钻井技术的发展情况

对于墨西哥湾深海钻井来说，控压钻井技术是一项极为重要的技术，这涉及到深海开发的成败，也是技术调研的重点。本章将具体分析钻井液液面控制系统的技术研发以及其在墨西哥湾的现场应用情况。

第1节 挪威国家石油公司的一套新型控压钻井技术

本小节重点就挪威国家石油公司研发的一种当量循环密度控制系统(ECD-M)的技术研发过程、生产许可证的获得以及第一次现场使用的情况展开分析。ECD是指当量循环密度，需要用控压手段来调控，因此控压钻井系统是专门用来在深水钻井中解决地层压力问题的，在深井钻井中，压力剖面窗口过于狭窄往往是导致一系列重大钻井问题的原因。

本小节中所描述的新工艺主要包括下述几个系统模块：

(1) 当量循环密度控制系统。

(2) 当量循环钻井系统。是一强化钻井系统的衍生系统(简称 EDR 系统，也就是强化钻井系统)，当量循环钻井系统本质是一种钻井液液面控制系统(Controlled Mud Level)。

(3) 海底泵模块，该模块装在立管中。

(4) Delta 涂层隔水管接头(Delta Seal Riser Module，DSRM)，这种模块脱胎于 MPO 系统(Managed Pressure Operations，控压钻井系统)。

(5) 快速闭合环空(Quick Closing Annular，QCA)，安装在海底泵模块的上部。

这种新工艺可以有效应对深井窄密度窗口的各种井眼稳定问题，在窄密度窗口下，常规钻井液循环系统很难保证不会压漏井底岩层，应用当量循环密度钻井控制系统可以有效缓解窄密度窗口带来的问题。本小节所涉及案例中的井只是部分采用了立管钻井液液面控制的原理，并没有采用 Delta 涂层隔水管接头。

本小节重点分析了挪威国家石油公司为墨西哥湾深水钻井施工成功所进行的各种创新性工艺实践，其中包括钻机的改进，操作者、钻井平台承包商、工程技术服务商之间的沟通，针对控压钻井的培训，以及与BSEE（美国安全和环境执法局，Bureau of Safety and Environmental Enforcement）的沟通，生产许可的发放过程，等等，最终找出了一些施工成功的必备要素，以及在新工艺使用过程中得到的经验教训。

众所周知，墨西哥湾海洋钻井难度很大。自从2010年发生漏油事件之后，海洋钻井的安全投入大幅增加，钻井成本随之水涨船高，而原油价格并没有提高。因此，在现有的资源丰度基础上，如何在安全钻进的同时合理降低成本，提高效益，成为了海洋油田开发者所需要关注的重要问题。控压钻井（Managed Pressure Drilling，MPD）技术对于深水油气开发而言成为了一项增加效益的必要技术，同时还能增加安全性。控压钻井技术MPD如能合理应用，可以大大增强井涌和井漏的监测预测力度，减少井壁不稳定现象的发生，随之可以显著缩短钻井平台的施工周期。对于井底压力的精确控制，不仅可以降低井涌和大面积井漏的风险，还可以保证在窄密度窗口的地层压力剖面条件下顺利钻穿目的层而不发生钻井事故。目前，海洋油气田作业者和技术服务公司逐渐认识到，预测墨西哥湾地区的地层孔隙压力和地层破裂压力难度比较大。但是随着许多井的完钻，工程师们得到了有大量的一手资料，从而可以初步了解地层孔隙压力特征，尤其是盐层往下的压力特征。对于经常出现的高地层孔隙压力和低地层破裂压力共存的窄密度窗口现象，工程上能够钻过这种含有复杂压力层系的地层，但是还无法实现快速钻过。钻井技术服务公司若要克服这种窄密度窗口，必须在钻井过程中对地层压力的突变能立即察觉，并能迅速做出相应调整。控压钻井技术（MPD）就是为了实现这个目的而采用的。和常规钻井的井底压力控制手段不同，控压钻井技术对于井底液柱压力和当量循环密度的控制是通过控制立管回压，亦或是通过控制立管的液面高度来实现的，而常规的控压方法是通过调整钻井液密度来实现的，相对落后一些。

控压钻井技术还有一些优势。控压钻井系统监控钻井流体的平衡是通过科里奥利方程推算的，或者直接采用流量计测钻井液的回流流速。控压钻井还包括早期井涌预报系统（Early Kick Detection，简称EKD），这个EKD系统能够提供实时而又精确的钻井液回流流速数据，而且在流量发生突变时能发出警报提醒司钻。有了控压钻井系统，司钻能够较为精确、及时地控制或者调整井底压力。

挪威国家石油公司在深海钻井领域取得了许多开创性成就，他们在墨西哥湾地区钻深水井所采用的控压钻井工艺，是该领域最为先进技术的现场应用实验。

挪威国家石油公司采用的MPD技术具有几个具体组成部分来源：挪威国家石油公司使用的控压钻井系统是当量循环密度控制系统，这个系统的一部分由马士基公司提供，这部深海钻井平台的代号是"马士基developer"。当量循环密度控制系统的基础构成来自于EC-Drill（循环当量控制钻井技术），而EC-Drill的基本原理有别于常规钻井液返排技术，其不从隔水管中返排含岩屑钻井液。EC-Drill钻井设备的核心部件是一个多级水下泵模块，在导管里安装有压力传感器，可以比较精确地测量和控制导管中的液面高度。挪威国家石油公司第一次现场应用当量循环钻井技术是在2014年3月，当时的钻井平台是中海油田服务有限公司（COSL）的COSL Innovator，当时挪威国家石油公司用这部平台打了一口井，其中有3个分支，用以开发挪威海域的Troll油田。在Troll油田，当量循环钻井得到了成功的现场应用，该油田的钻井环境比较苛刻，漏失严重，当量循环钻井工艺克服了这一问题。当量循环密度控制钻井工艺取得了进一步的发展，包含了当量循环钻井工艺和控压钻井技术（MPO）的Delta涂层隔水管接头（DSRM）。Delta涂层隔水管接头（DSRM）安装位置也在导管里，紧挨着EC-Drill的水下泵模块（Subsea Pump Module，SPM）上部。Delta涂层隔水管接头的主要特点是：能够快速闭合钻杆和外井壁之间的环空（QCA，Quick Closing Annular），设计用时在5s以内，从而可以有效地将压力封闭在导管中而不至于流失。此外，Delta涂层隔水管接头还拥有第二个内循环模块，称作隔水管钻井设备（Riser Drilling Device，RDD），该设备能在30s内关闭内循环。设计隔水管钻井设备（RDD）时，将它装在钻杆的单根接头上，这样设计的好处是能够直接在钻杆内部进行压力封闭，而不是在导管中加液体，虽然这两种方式都能够控制当量循环密度（Equivalent Circulating Density，ECD）的变化，但是隔水管钻井设备（RDD）控制ECD的速度更快，更有利于施工。保持钻杆和井眼的压力不发生突变，对于深海钻井施工意义重大，被认为是确保深海钻井成功的关键因素之一。

1. 钻井液液面控制钻井系统

循环当量密度控制钻井系统是控压钻井系统的一种变形，也称作钻井液液面控制钻井（Controlled Mud Level，CML）系统。钻井液液面控制钻井系统和双压力钻井（Dual Gradient Drilling，DGD）理论上有一定的相似性。压力钻井系统的静液柱压力梯度来自于两套不同的压力系统，由两部分不同密度的钻井液提供，靠近井底的钻井液密度比较大，亦称为压井泥浆，常常灌满地层的井筒；而靠近钻井平台的一部分钻井液液柱密度则比较小，在海洋钻井中经常采用海水作为工作基液，隔水管中就通常采用这种类型的钻井液。两种密度的钻井液可以有效克服井底压力过高带来的井漏问题。众所周知，地层压力和钻井液提供的压力不能相差太多，如果相差过多了，DGD系统就能够通过调节两种钻井液的接触液面高度来调节井底压力，如果井下钻具安装有循环控制设备（Rotating Control Device，RCD），则还能通过调节钻井液返排压力来调节井底压力。

钻井液液面控制系统和双压力钻井系统有相似之处，但是也存在一定差别。钻井液液面控制系统不需要两种不同密度的钻井液体系就能达到与双压力钻井系统相当的效果。钻井液液面控制系统对于井底压力的控制是通过控制隔水管的液面来实现的，隔水管中的泵能够根据需要排出或者压入钻井液，进而调整液面高度。当然，钻井平台也须要配备相应的储集设备。在钻井液液面控制系统的工作状态下，隔水管的上部充盈着空气。一般来说，如果钻井平台停泵，钻井液就会充满隔水管，但一旦开始开泵循环，隔水管的液面就会被人为降低，水下泵开始工作以补偿钻井循环压降带来的钻井液当量密度损失。挪威国家石油公司曾经对钻井液液面控制系统的钻井液液面位置进行过评估，根据几次矿场施工结果，曾给出过一个工程标准：钻井液液面控制系统中导管的液面位置应保持725psi的压力降，从而基本满足施工要求。

挪威国家石油公司自己制定了CML技术标准，根据实际需要将钻井液液面控制系统划分为两种：

（1）CML-Overbalance（CML-O），CML液面过平衡作业——隔水管中的液面高度维持液柱压力过平衡，即略大于地层压力；

（2）CML-Underbalance（CML-U），CML液面欠平衡作业——隔水管中的液面可能不提供液柱压力过平衡。

截至目前，挪威国家石油公司只采用了过平衡钻井（CML-O）一种钻井方式。过平衡钻井（CML-O）能够保证井底压力系统基本平衡和稳定。如果遇到突发状况钻机突然停钻，ECD循环当量密度可能在在几秒内突然降低，井底压力会突降500~600psi，这时由于钻井液体系在CML-O模式下，井底压力（Bottom Hole Pressure，BHP）仍然高于地层孔隙压力，不会造成井涌。挪威国家石油公司钻的第二口类似的控压钻井是在美国的墨西哥湾，在一部浮式钻井平台（floater）上打的，该井的平台2014年9月打桩，采用的这种新型控压钻井系统MPD对于美国墨西哥湾地区还是第一次。挪威国家石油公司一直在努力研发CML-U的技术，争取早日实现控液面欠平衡钻井，目前的主要技术思路是怎么解决快速给井筒增压的技术，目前来看只能通过快速封闭循环系统（QCA）来实现，当时计划在2015年进行现场应用。

2. 当量循环密度控制技术的研发、认证以及现场测试过程

挪威国家石油公司计划研发当量循环密度控制系统始于2012年的秋季，挪威国家石油公司召集EDR系统研发公司、MPO系统研发公司和马士基公司一起开了会，挪威国家石油公司当场表态要投钱研发当量循环密度控制，在座的公司纷纷表态同意立项并推进这项技术。2013年5月挪威国家石油公司牵头各家工程服务公司进行了前端工程设计（Front End Engineering Design，FEED），在前端工程设计FEED的阶段，对于当量循环密度控制的技术路线有一些改进，其中一项比较大的改进是关于钻井液返排管材的，原计划使用软管（hose），后来经过仔细论证还是采用了更结实一点的管线。还有一项改进是在原设计基础上加了一个11kV的变压器，为水下泵模块供电。

2013年10月项目论证差不多了，挪威国家石油公司开始正式启动当量循环密度控制控压钻井研发项目。挪威国家石油公司把跟项目有关的供货商召集在一起，一起研究钻井平台怎么根据当量循环密度控制项目来改进。会议开了一周多的时间，会上做了如下安排：

（1）制定了一个计划。详细的安排了工作计划时间表。

（2）按照实际工况进行技术论证。

（3）详细讨论为当量循环密度控制各种组件正常运转，钻井平台应该做出哪些改进和调整。针对机械、电力系统到钻井液系统，专家们都进行了改进设计并画了设计草图。

（4）详细规定了各承包商的职责分工，各承包商如果有技术方面的意见都进行了汇总，最终形成一个各承包商都赞同的技术路线和解决方案。

（5）讨论法律法规的相关问题。

（6）下一步的工作计划和设备的安装方案。

由于项目牵扯面比较广，有一定的安全风险和环境风险，挪威国家石油公司还进行了危险源识别分析，对于当量循环密度控制钻井新工艺的操作规程，发生突发事件采取的应急措施都进行了详细的规定。在钻井平台准备的过程中，2014年1月还进行了试验设备安装的危险源识别演练，以尽量确保万无一失。马士基公司、EDR和MPO承包商的工作团队和挪威国家石油公司的专家在一起工作，进行当量循环密度控制新装备的安装调试工作，在2014年6月份安装调试完毕。安装工作整整干了半年，原定计划被大大推迟。推迟的主要原因是井下控制系统不是很容易改进和对接，还有就是钻井导管的改进比较麻烦。

3. EC-Drill-当量循环钻井

在2013年8月份，挪威国家石油公司在做当量循环密度控制钻井科研方案的时候，该公司的EDR承包商根据挪威国家石油公司的要求，也根据美国墨西哥湾的地区情况对现有的EC-Drill工艺进行相应改进。系统改进是基于原有的开发Troll油田的EC-Drill体系，重点结合了墨西哥湾地区地层压力窗口过窄的特点。和Troll油田钻井相比，墨西哥湾地区的井控需要密度更大的钻井液体系，而且还得用合成基钻井液。这些技术参数要求功率更大的井下马达，因为墨西哥湾地区井深很大，钻井液密度也很大。由于墨西哥湾地区要使用合成基钻井液，因此需要一个双屏障泵用密封系统，还需要一个改进过的牵引钢缆，两种密封空间的钻井液被泵入或者泵出时用来控制液体的连通管。这些改进都需要进行工程设计，还要在钻井平台加装一些设备。根据美国墨西哥湾的环境保护要求，挪威国家石油公司在钻井平台加装了一个备用的钻井液容器，一条输送钻井液的滑道，还对井控系统做了一些小改动。对控压钻井至关重要的水下泵，挪威国家石油公司也进行了检修，确保在90~110天的钻井周期之内，水下泵能够正常稳定的工作。

挪威国家石油公司将所有的改进工作分为9个工具包,每个工具包都包括了技术设计和系统整合部分,2014年6月份之前都交工了。所有的主要设计和EC-Drill系统的工程设计都在挪威的Straume完成。下放回收装置安装(Launch and Recovery System,LARS)和钻机的改进工作都在美国进行,挪威国家石油公司和马士基公司直接提供了很多材料和设计,节省了很多时间。当量循环密度控制装备主要部件的制造分布在几个大洲:挪威、新加坡、美国、意大利。在前端工程设计(FEED)结束后的第354天,所有配件运到美国进行了第一次安装调试。所有的配件都进行了"综合工程设计处理",这项工艺包含了技术验证、工程标准的审查、工厂验收试车、系统整合测试(System Integration Testing,SIT)。

经过一系列非常严格的硬件和软件测试,这套改进的EC-Drill系统终于得到了一系列客户和监督方的应用许可。客户和监督方包括:挪威国家石油公司的代表(来自于技术研发应用部门)、ISO国际标准化组织。系统整合测试的监督单位包括:挪威国家石油公司、挪威船级社DNV、美国船级社ABS等。经过美国船级社ABS的认证许可,美国安全与环境执法局(BSEE)也向挪威国家石油公司颁发了钻井和井控的作业许可,可以进行现场作业了。

在这里应当说明一下,挪威国家石油公司之所以能够在控压钻井领域进行如此重大的技术创新,是有雄厚的技术基础和管理能力做支撑的。挪威国家石油公司发展隔水管外钻井液系统RMR(Riserless Mud Recovery)和EC-Drill体系已经有多年,积累了丰富的研发和使用经验。另外值得一提的是挪威国家石油公司自己还有一套"挪威国油水下工具设计核心标准",这项标准是挪威国家石油公司能够成功运用新型钻井工艺,没有生产延误的关键因素。表7-1是挪威国油水下工具设计核心标准(挪威国家石油公司Success Factors),包括8项海洋水下钻井工具设计的核心技术要求,所有的水下工具的工程设计都要满足表7-1中所示要求。

表7-1 水下工具设计核心技术要求

序号	水下工具设计核心技术要求	本次工具应用参数是否符合要求
1	要能够控制隔水管压力变化范围为-75~75psi	符合
2	能够尽早发现井涌现象	符合
3	与常规的井控系统和装置配伍性好	符合
4	避免隔水管中有天然气析出	符合
5	井下作业时能控制工作液总液量	符合
6	隔水管中的液面变化较为平缓	符合
7	不能影响控制系统的正常工作	符合
8	不能影响ECD系统的计算和正常显示	符合

图 7-1　当量循环密度钻井系统中的水下泵模块处于投放回收系统
之中，准备进行工厂验收试车

4. Delta 涂层隔水管接头——DSRM

控压钻井体系(EC-Drill)和钻井液液面控制系统的欠平衡钻井(CML-U)两种钻井体系都需要水下立管循环模块，挪威国家石油公司在 2013 年上半年就认定钻井液液面控制系统必须配备水下立管循环模块才能运行。挪威国家石油公司的控压系统研究单位(MPO)专门为控压钻井系统当量循环密度控制设计开发了一套 Delta 涂层隔水管接头 DSRM 系统。Delta 涂层隔水管接头的主要作用是可以扩展现有的控压钻井系统 MPO，弥补现有隔水管环空设施的能力不足。DSRM 系统安装水下泵模块(SPM)的正下方，在转盘面下方水深约 400m 处。Delta 涂层隔水管接头(DSRM)主要组成部分包括：快速闭合循环回路(QCA)、隔水管钻削设备(RDD)、钻井液循环旁路、钻井液返排跳线，以及水下深度补偿控制系统。

快速闭合回路系统(QCA)的体积小、功能紧凑，还能承受更高的压力，性能优于常规的 BOP 防喷器。快速闭合回路系统(QCA)对于环路的控制非常灵活，因为用于调压的能源动力来自于 DSRM 的蓄能装置，同时快速闭合回路系统(QCA)本身的管路和阀门的尺寸也经过优化设计，流体摩阻达到最小。因此，快速闭合回路系统(QCA)的启动压力小、水利能量比较强，使得 QCA 在裸眼段可以在 5s 内关闭，钻杆中可以在 2s 内关闭。因此，快速环路闭合系统可以作为应急的井底压力控制装置，当泥浆泵突然停泵的时候能够迅速关闭回路保持井底压力。

隔水管钻削设备(RDD)安装在两个回路装置的上部，它的作用是在接单根或者卸单根的时候能够保持钻杆环空的密封。隔水管钻削设备(RDD)密封环空的方法有两种。第一种方法的基本原理和防喷器工作原理类似，一旦需要关闭环空，就启动隔水管钻削设备(RDD)，直接关闭，钻杆被彻底抱死。第二种方法是下入一个可回收的滑套，打开锁紧装置，挤压钻杆关闭环空。滑套法关井可以关闭环空，保持井底压力不变，同时也不影响继续接单根或者卸单根，同时转盘也能继续使用。这就对滑套的材质提出了更高的要求，滑套里充填的是合金牺牲的聚合物、以及合成橡胶等材料。滑套的作用和转盘控制装置(RCD)的作用相同，关井时提供背压。隔水管钻削设备(RDD)环空配件的作用是驱动密封滑套。这种配置可以减轻材料的磨损，在接单根的时候也能降低管材磨损。早期的 ECD 控制设备都没有密封滑套，只采用 DSRM，对材料的磨损是很大的。

除了隔水管和钻井液返排管，DSRM 系统还包括一条 4in 的跳线管路，这条管路的主要作用是平衡 QCA 和 RDD 上下的液柱压力。这条管路还是非常重要的，如果没有的话，EC-Drill 系统和密封滑套的限制会使隔水管中的液面难以调节，同时也会影响井底压力和水下泵的工作。挪威国家石油公司专门研究了旁路管线的最优尺寸，4in 的直径被认为是最合适的，在这个尺寸下管路对流体的摩擦阻力最小，同时也不影响 58.4in 转盘的正常工作。

DSRM 系统由于有水下的蓄能装置和控制装置，需要电力供应，因此还安装有电缆和液压缆绳。液体混合系统提供液压可以给水下蓄能装置蓄能量。DSRM 的控制面板安装在司钻的控制房里。DSRM 的主要部分在新加坡制造组装，DSRM 的控制部分和钻机配套部分由美国休斯敦的 DTC 公司制造。在新加坡的配件生产完毕后运到美国休斯敦进行最终的装配、系统集成和系统测试(图 7-2)。

图 7-2　Delta 密封隔水管模块准备进行系统集成测试

DSRM 系统的测试是独立进行的，因此没有牵扯当量循环密度控制控压钻井设备的其他供应商。DSRM 控制系统的每个部件都要先接受严格的工厂验收，才能进行系统集成测试。系统集成测试(SIT，System Integration Test)的主要目的是按照 DSRM 的实际工况要求，测试 DSRM 系统的各个部件是否可靠，是否能够正常操作，在 DSRM 系统送往井场平台进行矿场应用前满足各项技术要求和合同内规定的其他性能要求。

计划的系统集成测试主要包括下列测试：

（1）DSRM 控制系统部件（Control System Component）系统集成测试；

（2）API 16D 蓄电池蓄电能力参数测试；

（3）钻井液搅拌系统缺液自动装填功能测试；

（4）控制系统软件互锁测试（验证控制系统的互锁可靠性和软件安全性）；

（5）UPS 电源测试，用以确保在井下工况条件下电力供应稳定；

（6）ABS witness 检查和测验项目。

SIT 测试完毕后，DSRM 开始安装在钻井平台。为了保证 DSRM 系统和钻机的兼容性，工程人员还进行了安装后的测试，DSRM 下入工作水深后还要接受最终的验收测试。

5. 控制系统

此次科技创新的重点任务之一是把两套崭新的操作系统顺利的安装调试，并在钻机上正常工作。钻井平台原有的操作系统为 Cyberbase 公司的操作系统，该系统可以帮助司钻人员操控绞车、顶驱以及钻井泵等设备，还能实时显示钻井液罐的液面位置、钻井液泵的冲程冲刺等数据。钻井平台还包括一套录井设备，录井设备包括一套钻井液罐液面位置感应器，以及一整套的科里奥利流量计，录井设备测算返排流量比较精准，因此常用来进行早期井涌的预测。本书中所提到的控压钻井系统（EC-D）由两部分组成：一部分控制控压钻井泵，另一部分控制 Delta 密封隔水管接头（DSRM）、水下循环系统、旁通阀组、钻机顶部的混液装置以及液压装置，这些操作系统都整合在了 Drilllink PLC 系统之中，可供司钻进行操作。钻机顶部安装有两部注水泵，专门用于向隔水管中注水。钻井工程人员在控制室内可以较好地操纵这些装备，根据需要灵活的分配钻井液流量。

为了使得新旧钻井控制系统能够更好的整合，挪威国家石油公司花费了不少心思，经过综合考量，最终采用了国民油井公司的 DrillLink Profibus 人机交互界面作为整套系统的信号中转器，用以分配不同管路的流量。

6. 最小流量控制

挪威国家石油公司将这套系统进行现场测试的地点，选择在了位于，挪威近海的 Troll 油田，在实验过程中发现了一些问题，尤其是钻井液返排过程中发现的问题比较多。由于水下泵在设计过程中只考虑到了隔水管的承压问题，并未考虑流量控制问题，因此每当隔水管中的钻井液页面下降，钻井液返排流量就过快，过快的返排速度对于平稳钻井是不利的，容易造成振动筛失效，因此对于钻井液返排速度必须加以限制，需要手动操作水下泵模块。同样的道理，如果隔水管液面过高，水下泵的排液速度有时就会变缓，导致钻井液返排管线的钻井液 U 型倒灌回隔水管（相当于逼使流过水下泵的钻井液回流）。这样造成的后果对于井控十分不利，因为隔水管液面无端升高，会给工作人员造成井涌的错觉。挪威国家石油公司要求必须解决这个工程问题，对于钻井液流量必须设置最高和最低两个值。挪威国家石油公司的技术研发部根据现有的研究成果，选择了段塞流控制法对流量进行控制，就是对于多项流进行自动化控制已达到我们希望的效果。图 7-3 所示即为这个解决方案的示意图。

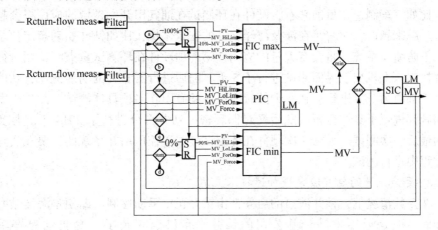

图 7-3　最大/最小流量控制器

　　在钻井过程中，压力控制器（PIC）将会控制水下泵模块的运行速度，确保钻井液流入和流出量保持相等。FICmax 控制器（流量控制器）这个档位是用来提高泵速，进而加大流量的，但是如果流量超出一定范畴，min 选择器就会自动工作将多余的部分分流出去。为了确保从 FICmax 控制器中流出的钻井液量与 PIC 的流出量尽量保持持平，FICmax 的流出量会自动减去一个常量 a。同理，FICmin 也会减去一个常量 c 进而确保于 PIC 流量保持一致。FIC 控制器会自动工作，一旦水下泵模块的工作速度过快或者过慢，FIC 控制器就会自动工作，进而避免流量超出可接受的范围。举例来说，一旦隔水管中的液面高度过低，PIC 就会给 FICmax 发出指令，FICmax 就会自动限制返排流量，向隔水管中注入钻井液。一旦 PIC 设定为手动模式，FIC 控制单元就会强制设定为各自的最大值或者是最小值，不会影响经过 PIC 的流量，便于控制。

　　图 7-3 中演示的控制流程在投入现场试验前就进行了严格的实验室测试和论证。测试结果良好，测试人员对该套系统的可操作性比较满意，在不同的工况条件下（钻井液密度、隔水管高度、流量），该套系统都表现出很好的可操作性。在矿场试验阶段，FICmin 在接单根过程中牢牢地控制住了水下泵排量，使得返排量稳定的维持在最小值 400g/min。最小流量可以防止钻井液返排管线排空。

7. 硬件在环测试（HiL）

挪威国油在美国休斯顿对所有新应用的技术进行了硬件在环测试，以进一步确保整个体系的人机交互界面、系统工作能力和故障处理能力。整个控压钻井系统和 Delta 隔水管接头系统被安放于全钻井仿真平台中，全程模拟 Profibus 控制系统下的深海钻井全过程。在 2013 年 Troll 油田使用的控压钻井系统就在休斯顿进行了两次原理类似的硬件在环测试，Vik 等（2014 年）曾经详细的描述过硬件在环测试的基本原理。硬件在环测试曾将广泛应用于油气开发行业之外的其他领域，比如汽车制造，目前来看，硬件在环测试在油气田开发领域的应用将会越来越多、越来越广，尤其是在涉及海洋钻井的安全领域，比如钻井船动态定位系统和水下防喷器系统，将会有大量的应用。第一项硬件在环测试重点测试当量循环密度控制，人机交互界面测试进行了 5 天，随后进行了 6 天的功能测试，功能测试全程都由第三方进行，在 6 天的时间里一共有 100 多项具体测试。测试中发现的问题都进行了具体分析，随后又对循环密度钻井部分进行了 2014 年 8 月实钻前的最后一次测试。最后一次硬件在环测试是关于控压钻井系统的，要在实际钻井过程中进行测试。

8. 更为先进的钻井液泵慢加速技术应用

在多数情况下，钻井液泵的启停都由钻井司钻手动控制，即便是海洋钻井也是如此。但是近年来马士基公司的钻井平台已经安装了一套自动启停系统（图 7-4），可以做到在固定的时间间隔内自动启停钻井液泵，特别有利于接单根作业。接完一根单根，钻井液泵自动得到指令，将排量缓慢调至一个事先设计好的流量，缓慢地将钻井液破胶，随后恢复钻井液循环，钻井液排量慢慢加大至正常排量。

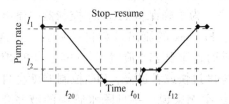

图 7-4　马士基公司的"发展号"钻井船在循环密度当量钻井之前就含有自动启停装置

钻井液泵自动启停装置具有非常重要的实际意义，可以保证每次接单根操作的钻井液排量均匀稳定、返排流量恒定，由于井下压力稳定，对于空压钻井来说，接单根作业造成的压力激动往往会造成控压钻井失败。在接单根过程中，由于钻井液循环暂时停止，因此隔水管中的液面必须适当升高，用静液压的增加来弥补循环当量密度的损失，钻井液泵的控制能力在此时此刻至关重要，一般来说一次接单根作业需要 5~10min 的钻井液泵启动时间，才能比较好的增加或减少

75psi 左右的循环当量密度，马士基这套装置可以允许钻井司钻事先调好启动时间，有利于接单根后续操作平稳。即便是安装有 Delta 密封隔水管接头的空压钻井设备，启停装置也可以很好的兼容，不影响其功能发挥。

9. 将隔水管近似等同于一个钻井液罐来操作

隔水管存的钻井液量是比较大的，600ft 的隔水管钻井液量差不多是 200bbl，这意味着一旦隔水管的液面下降 600ft，钻井平台的钻井液室就得增加 200bbl 钻井液的空间才能正常作业。隔水管的液面变化还有一个副作用，就是会扰乱我们对井下工作状况的判断，隔水管液面起起伏伏，井下是发生井涌还是井漏就不好判断，也许什么都没发生我们却误以为发生了，也许正在发生我们却观察不到。要克服这个弊端，挪威国油用当量循环密度控制来解决这个问题，具体做法是将隔水管看作一个钻井液罐(图 7-5)，精确地计算液面，并辅助以隔水管压力传感器。这个解决方案不仅可以消除我们的误判，还能够精确地预报井涌情况的发生，一旦有井涌现象发生，隔水管液面会有一个快速的升高，较容易被发现。当然隔水管液面变动干扰因素也有很多，比如钻井平台被海浪冲的七扭八歪，为了克服自然因素的干扰，在计算过程中会加入一些经验常数。

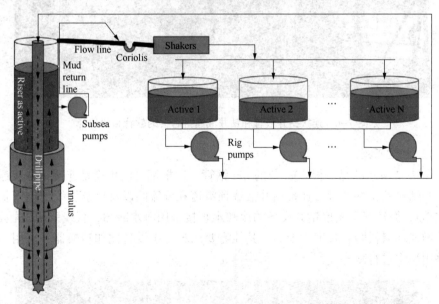

图 7-5　将隔水管作为灵活的液面控压装置，是很好的控压钻井选择

10. 钻井的改进、安装和调试

要在原有钻机上安装循环当量密度装置，原有钻机就要提供相应的空间。经过工作人员的努力，腾出了足够的空间安装 12t 的装备，其中 4t 是钻井液泵橇装设备，8t 是供电装备。由于钻井平台并没有开回港口进行设备安装，因此新安装

设备都以撬装形式分解装船，运送至钻井平台再进行安装调试。

11. 隔水管的改进

返排管线也进行了不少的改进。最开始，关于返排管的材质问题，挪威国家石油公司计划采用柔性软管，但是实验效果不佳，达不到最低性能指标。因此，挪威国油决定改进返排管，即将隔水管顶部进行一定程度的改进，这部份安装刚性材料的6in钻井液返排管，而隔水管到钻井液罐的线路仍旧保持柔性软管。为了确保水下泵模块能够正常安装，工程人员对现有隔水管一个接头进行了特殊改进。水下泵模块上部的12个隔水管接头安装了6in固定刚性钻井液返排管。隔水管的浮力结构进行了微调，以便腾出足够的空间给钻井液返排管，以及两条旁通管路。天然气捕集器下部接头也进行了改进，以便于将钻井液返排管与鹅颈管相连。

如图7-6所示，柔性软管长度为90m左右，通过一个可收缩的鹅颈管安装在隔水管上，通过一个Swivel三通接头可以自由旋转。为了便于鹅颈管和柔性软管安装，工程人员还对钻井平台仓底和船体进行了改进。

图7-6　连接钻井液管和钻井液返排管县的软管和鹅颈管

12. 固定管路

图7-7所示的是一根60m长的6in钢管，这根钢管的用途是连接钻井液返排管线和钻机的钻井液罐。连接钻井液罐顶滑道和分流间以及放空管线的钢管长度为120m。循环当量密度钻井设备的冷却水直接采用海水冷却，管线采用3in玻璃纤维增强环氧树脂，长度为50m。其他需要冷却的小设备比如转换器，采用小型管路用淡水进行冷却。

图7-7　当量循环密度钻井装置的顶部管线

所有对于钻井平台的改进，都选择在钻井平台搬家或者停工期间完成，尽量避免影响现有的钻井工程。图 7-8 表示的是当量循环密度钻井控制系统(当量循环密度控制)钻井液循环的示意图。

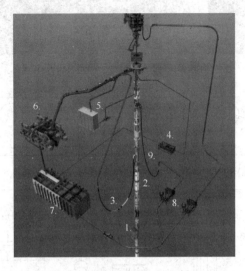

图 7-8　当量密度循环钻井系统的钻井液循环装置组成部分示意图

1—水下泵模块；2—改进的隔水管接头；3—钻井液返排管线；4—顶部钻井液泵；
5—起下钻钻井液罐；6—振动筛；7—活跃的钻井液罐；8—钻井液泵；9—加压管线

13. 动力系统

为了给当量循环密度钻井系统(当量循环密度控制)供电，工程人员在钻机原有的电源集成装置内加装了 11kV 转换插板。进行单点供电主要是基于安全原因，同时也考虑到动力定位操作的问题。11kV 中的 690V 分配给耗电量大的设备(80~1250A)，230V 用于控制系统用电，120V 用于 Delta 水下泵操作模块的控制系统。当量循环密度钻井(当量循环密度控制)控制系统的供电系统通过系统整合，与原有的供电系统形成了无缝对接。图 7-9～图 7-11 所示为在不同等级的紧急情况下，当量循环密度钻井系统将会依次关闭。

图 7-9　11kV 变压器安装示意图

图 7-10 当量循环密度钻井系统的动力系统

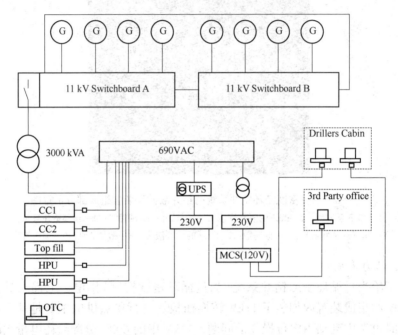

图 7-11 当量循环密度钻井系统的电力分配示意图(11kV、690kV、230kV 及 120kV)

当量循环密度钻井控制系统的电力和控制电缆加起来有5200m 长。这些电缆用于电力系统、公用地址和报警系统、火灾系统、烟雾报警系统、紧急关停系统和电力控制系统,以及 EC-Dril 与 Delta 水下泵操作模块的通讯连接等等。为了容纳这么长的电缆,钻井平台的仓壁上加装了数量不小的管路连接通道。现有的管路被线缆挤得满满当当,但是仍不能满足要求,18 部新的多头线缆连接集成被加装在仓壁和甲板之上。

图 7-12 表示的是当量循环钻井系统(EC-Drill)的安装过程,这项工作开始于 2014 年 8 月,安装持续了大约 2 个月的时间,在 10 月时安装调试完毕进行了第一次海上作业。在现场安装的最后阶段,挪威国油特意将当量循环钻井系统的操作工人和技师叫到安装作业现场,这些工人师傅有的来自美国,有的从挪威远道而来,目的是想让他们在安装过程中就充分了解当量循环密度系统的工作原

理，以便更好地工作。安装的主要部分包括布放回收系统、操作控制设备存放室、两部控制容器装置、屏障流体滑道、旁通卷扬器、水下泵模块、改进隔水管接头，以及这些装置装备各自所需要的电力装备和电缆。马士基公司提前将钻井平台的生产活动暂停一部分，并且提前安装了当量循环密度钻井设备，这样新设备一到就可以迅速安装调试，能够节省大把的时间。这项新技术试验工作不仅仅是挪威国家石油公司一家的事情，需要所有相关公司和单位同时行动，保持良好的沟通，才能保证新技术的安装调试使用能够成功。

(a)   (b)

图 7-12　当量循环密度钻井设备正在马士基"发展号"上进行安装(a)及
水下泵模块正在进行下海作业(b)

14. 当量循环密度钻井设备进入工作状态

开钻过程中，隔水管下入水中时，当量循环密度钻井系统随之跟着下入水中。防喷器和浅水隔水管装置连接好之后，隔水管缓缓下至隔水管接头 MRJ 和水下泵模块安装位置。当量循环密度钻井系统安装包括以下工作：将水下泵模块套进发射回收系统，关闭月池部位的旁通管接头，将发射回收系统连接到预定位置，这个位置紧挨着改进隔水管接头悬挂于钻井平台的发射器，并将水下泵模块嵌入改进隔水管接头的销钉上。销钉具有固定作用，能够保持改进隔水管接头在整个安装过程中不会被移动。水下泵模块和改进隔水管接头的安装位置经过仔细论证，能够保证在泵压作用下既保证施工安全，又能够准确的将水下泵模块送入改进的隔水管接头。水下泵模块安装到位后将与改进隔水管接头牢牢锁死，发射回收系统这时完成了工作就被收回至钻井平台，水下泵模块继续随着隔水管下入深海，一边下入，一边将绑定的旁通管路解绑，施工速度应当能够保证旁通管路和隔水管连接紧密。在本井中，水下泵模块的下入位置水深为 1100ft 左右。一旦水下泵模块下入指定深度，旁通管路卷筒就自动将管路连接到连接盒中，水下泵模块与地面的联通就建立起来了。最后，当量循环密度钻井系统进行了测试看看好用不好用，墨西哥湾地区第一次该种类型的水下泵控压钻井体系状态良好，随时可以进行钻井。

15. 水下泵模块压力和流量控制器的调节

水下泵模块是受软件自动控制的，同时操作人员也可以输入各种变量对其实行操控。对于本口试验井，操作系统执行的是自动模式，因此隔水管的压力是保持恒定的。但是在自动模式下也可以手动输入一些时间变量进行修正，进而更好的操控压力传感器和流量控制器，以最大程度的优化系统控制能力。在钻具下入套管段的时候，参数修正就已经开始了，在参数修正的阶段，司钻可以正常操控钻井液泵，同时当量密度钻井系统工程师也不断的修正各种控制参数，进而不断优化水下泵模块的工作。在最初的几天，由于没有当量循环密度钻井的操作经验，施工人员花费了几天时间熟悉新系统并调试系统工作状态，当量循环钻井系统操作人员和钻井施工人员之间保持良好的沟通联系至关重要，只有如此才能保证当量循环密度钻井系统工作状态良好。良好的沟通对于早期井涌的检测以及紧急情况下的钻井施工也是至关重要的。这套当量密度循环钻井装置的试验效果良好，因此马士基公司和挪威国家石油公司得到了很大的信心，有信心在实际钻井过程中实验这套装备。

16. 施工人员的培训

挪威国家石油公司为了当量循环密度钻井系统，培训了200名人员，这200名人员的培训分为3批进行。

第一级培训：第一批培训形式是课堂教学，主要培训了与当量循环密度钻井非直接相关的人员。该批培训包括了设备安装、钻井的改进与系统整合等。

第二级培训：第二级培训形式为课堂教学，主要培训对象是工程技术服务单位，第二级培训包括了控压钻井一些基本的操作原则、设备安装、设备技术参数、操作流程以及控制系统等。

第三级培训：第三级培训针对的对象为钻工、司钻助理、工具输送工、录井工、钻井监督、钻井工程师、当量循环钻井操作工、Delta 密封隔水管模块操作工等。所有培训内容以互动的形式进行，培训形式为实际操作。

所有和当量循环密度钻井相关的人员都进行了详尽的模拟实操培训，实操的设备是实际要操作的装备，但是在安全的环境下进行所有实操，首先防喷器是关死的、其次所有模拟操作都在套管井段实施。所有控压钻井条件下的施工，比如接单根、流量检查、隔水管注液，以及任何可能出现的突发状况都已经事先进行了详细的预演。

强化钻井和控压钻井的工程技术服务商自己也有比较详尽的培训计划，挪威国油的培训计划之外，工程技术服务商也会定期进行业务演练。即便在钻井工程的间隙，钻井工程技术服务商也会对自己的操作人员进行实操演练，这种演练不仅能在陆地模拟基地进行，在钻井平台也同样可以进行。在人员培训方面，挪威国际石油公司投入了足够的精力，应该说在人员能力这方面，新技术应用是有保证的。

17. 挪威国油颁发内部新技术许可证

挪威国家石油公司自己有一套比较明确的新技术从研发到实际应用的管理模式，这套管理模式最后确保每一项新技术应用最终都达到充分验证，最后贴上"已证实"技术的标签。挪威国油的新技术验证过程严格遵循自己的 DNV-RP-A203 流程"新技术的应用"。当量循环密度钻井技术在挪威国家石油公司里属于第二高等级的新技术应用，首先必须进行现场先导试验，正如上文所述，当量循环密度钻井系统首先拿到了挪威近海的 Troll 油田进行了试用。第一次试验结果很成功，但要满足挪威国家石油公司的企业标准，还要满足一系列的苛刻测试条件，因此项目组又进行了第二次新技术验证试验。目前钻井液液面控制钻井系统还没有比较成熟的行业标准，因此挪威国家石油公司创立的这套标准具有非常高的技术含量。

18. BSEE 的许可证书颁发

挪威国家石油公司在该套新技术的研发阶段就与美国深海钻井业务的联邦主管部门——美国联邦安全与环境执法局建立了良好的业务沟通。起初美国联邦安全和环境和执法局对于挪威国家石油公司的这套新技术体系顾虑重重，一直要求挪威国家石油公司提供充分的书面证明测试材料，以便于他们理解和批准。为此挪威国家石油公司与 BSEE 进行了多次演示会议，详细讲解该套系统的原理和功能，最终在 2014 年 7 月，挪威国家石油公司提供了一份正式的新技术使用计划，标志着 BSEE 基本同意了该技术的现场应用。BSEE 的工程师还参加了一个为期两天的现场汇报，BSEE 的工程师和检查人员特意爬上钻井平台，模拟了一个井涌紧急情况，进而测试当量循环密度钻井系统的可靠性，以及钻井工程人员对该套系统的掌握程度。最终 BSEE 同意了这套系统在墨西哥湾地区进行钻井应用，但是有前提条件，只限于过平衡条件下的钻井。

19. 首次应用的经验

挪威国家石油公司为了新型控压钻井设备的第一次现场应用做了充足的准备。当量循环密度钻井设备包括的水下泵模块和钻井平台控制装备安装调试完毕，改进的隔水管也安装到位，钻机整体都为第一次当量循环密度控制钻井做了充足的准备。第一次开钻的目的很简单，就是要测试一下隔水管的控制能力能否保证隔水管压力变化范围为-75~75psi，从而测试整套系统是否满足常规钻井条件下的基本控制能力，也就是隔水管容量控制、早期井涌检测控制、井控能力控制等。

第一次钻井液当量密度控制钻井选择的井位位于墨西哥湾地区的美国部分，钻井平台雇佣的是马士基公司的平台。第一次钻井施工并不完整，因为 Delta 密封隔水管模块并没有专备好，同时钻井液泵也不具备缓冲开机的能力。这些功能没有完备导致新系统不能很好的完成被赋予的任务，同时根据挪威国家石油公司的要求，也不能进行欠平衡钻井。同时该段地层的钻井液密度窗口也不是特别狭窄。这次钻井过程最大的风险就是低密度层位可能会造成巨量的漏失。第一次钻井实验并没有用最苛刻的环境来要求这套设备，唯一可能出现的风险用隔水管液面控制应当足以应付。

20. 压力控制情况

第一次钻井的一个目的就是要证明新系统的工作能力和常规钻井系统相同。图7-13所示为在钻井过程中钻井各项参数非常的平稳可控。图7-14所示为在接单根过程中，水下泵模块在尽力控制保证隔水管压力、水下泵速度和返排流量的各项数值平稳。在接单根过程中，30psi的压力损失和钻井液泵重启造成的30psi压力恢复都能在图中清晰地看到。如果水下安装了更为先进的钻井液泵的话，压力损失不会如此剧烈。

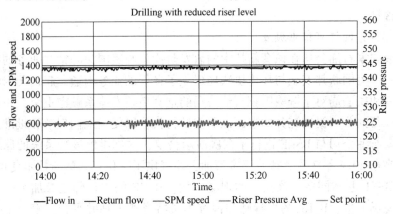

图7-13 钻井过程中的隔水管压力图（压力波动不超过±2psi）

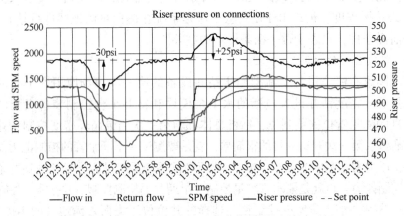

图7-14 接单根过程中的隔水管压力变化图（压力波动不超过±3psi）

21. 详细描绘接单根的过程

一般来说，井涌的发生在钻井过程中不是很难发现，因为正常钻井过程中井下各项参数非常平稳，某一项突然升高并不难用肉眼发现。但不幸的是，70%的

114

井涌发生在接单根过程中，尤其是在停泵的时候很容易发生井涌，因为此时当量循环密度最低。接单根过程中所有井下参数都在变化，检测到井涌现象很不容易。物质守恒定律算法虽然可以比较精确的统计钻井液入井量和出井量，但是仍然是不够精确的，预测井涌是很困难的，因为仍然有一些量没法预测，比如一些旁通管线的液量变化、钻井液泵的管线液量变化、U 型管线的液面变化。钻井液的密度也不是一成不变的，随着压力的降低，钻井液会膨胀，体积会变大。在钻杆中钻井液的密度变化尤为明显。为了解决这个问题，一种最先进的解决方案被称作"详细描绘方法"，这种方法是基于一种相似原理，那就是每次接单根的时间差不多的情况下，钻井液进出量也差不多。这个方法会设定一个基准线，基准线一般高于套管鞋的高度，所有的接单根作业都会与基准线相比较。一旦降低隔水管的液面高度，隔水管压力和泵速就会被记录下来。基准线非常有用，不仅能够协助观察是否发生井涌，还能协助纠正流量检查、最低泵速循环计量检查、压井管线和节流管线的流速判定等等。图 7-15 所示为基准线和实际线非常接近。

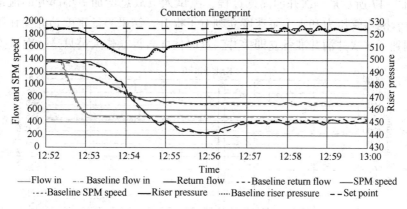

图 7-15　用"详细描绘法"记录接单根的全过程

22. 不间断井涌检测

为了测试钻井施工人员面对新系统下的反应速度，进行了一系列的井涌演习。事先不告诉钻井工作人员，通过特殊的设备突然加大钻井液返排量，进而测试井涌条件下接单根的操作能力。结果比较成功。所有的井涌条件下钻井，5 次在钻井条件下钻井，4 次在接单根条件下钻井，1 次是在隔水管中起钻，所有条件下当量密度钻井操作工和钻井工都很快发现了井涌现象并采取了相应测试。这些演习就是为了让新技术操作人员和钻井人员加强沟通，而且测试是不定期的随机测试。测试的结果显示，技术人员之间和新技术设备的配合比较默契，井涌现象基本很快就检测到了。图 7-16 所示为新装备的井涌检测原理，包括隔水管压力和水下泵模块的速度，提供的井涌检测比较可靠，而且在返排流量计检测到井涌现象、或者钻井液罐量异常发生之前就能检测到，因为隔水管压力和水下泵模块可以比较直观地观测到井涌现象。

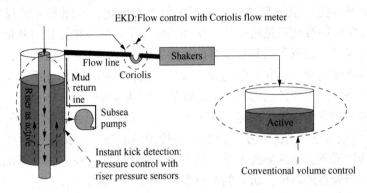

图 7-16　包含 3 个参数的液面监测法（隔水管压力突然升高，水下泵转速突然加大，返排
流量增加；常规钻井的井涌监测只能通过观察钻井液罐液面进行，非常不准确）

图 7-17 所示是一次井涌测试过程，测试人员故意增加一小部分的流量注入
隔水管，隔水管压力和水下泵速度立刻有了提升，结果当量密度钻井操作工很快
就检测到了这次井涌并准备立即关井，这时候才告诉操作人员只是一次试验。

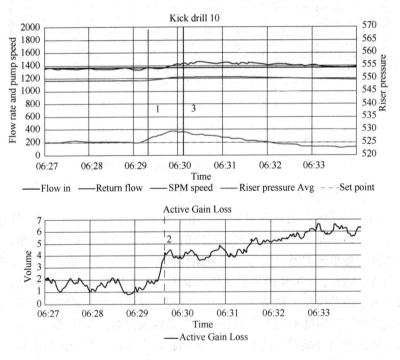

图 7-17　溢流钻井实验（第 10 次）

1—隔水管压力突然升高；2—水下泵泵速随之提高，20s 后钻井液罐的液面显著增加；

3—在隔水管压力陡然变高的 40s 后返排管线流量计才发现井涌

正如前文所述，在接单根过程中的井涌现象很不容易发现。图7-18所示为当量循环钻井操作人员可以很清楚的观测到井涌现象，通过与基准线的对比，通过隔水管压力和泵速参数的对比。

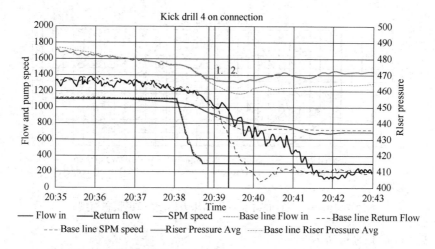

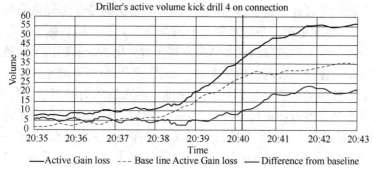

图7-18　边压井边接单根时隔水管压力与泵速的对比

1—在20：38：50当量循环钻井操作工发现井涌现象；2—大约30s后返排流量发现井涌现象；
3—大约1min后井涌量达到5bbl(所有的计算都是根据基准线推导得到)

23. 钻井18⅛in井段

钻该井段上部的时候，挪威国油设计的钻井液密度始终高于地层压力当量密度0.048g/cm³，因此采用的容错压力为75psi，也就是说隔水管压力变化不能超过75psi。钻井施工人员还做了一系列测试，实验结果表明隔水管压力变化能够做到正负30psi，足够满足需求。即便最坏的情况停泵条件下这个标准也能达到。因此挪威国有决定减少70psi的压力进行钻井。一般来说，对于控压钻井系统在接单根的过程中不怎么考虑时间因素。图7-19所示为各种压力当量密度曲线。绿线表示静水压力当量密度，停泵的时候保持在左侧，一旦开泵的时候就开始发生变化。循环当量密度变化趋势和静水压力当量密度相似。图中还能够清晰的看

117

到套管鞋位置的压力临界点，以及该井段的目标长度，在该井段的设计井深位置，地层压力当量密度增加到无法钻进的程度。实际该井段钻井过程非常顺利，用低于地层压力的钻井液钻井效果是很不错的。

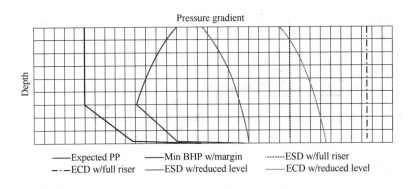

图 7-19　在正负 70psi 条件下的压力梯度(理想状态模型)

24. 钻井 12¼in 井段

12¼in 井段钻井过程不是很顺利(图 7-20)。起出的钻井部分也是用的欠平衡钻井方法，前 300ft 采用的是隔水管全充满的钻井方式，随后施工人员进行了隔水管压力减弱条件下的流量测试，结果发现压力变化不少说明压不住地层，这个测试表明对于未曾开发过的新地层来说，地层孔隙压力的不确定性还是非常严重的。钻井液工程师随后调高了钻井液的密度，隔水管压力差继续保持在 74psi 左右。按照这个钻井液密度进尺又打了 1500ft，随后意料之中的孔隙压力急剧增加，钻井液密度又随之加大，又打了 500ft 井下发生了复杂情况——溢流(图 7-21)，如图所示，在 15min 内，溢流的量达到了 7bbl 之多。如图 7-22 所示，这次井涌情况并没有体现在科里奥利流量计的读数上面，井下泵的转速也没有变化，隔水管的压力梯度也没有反应发生溢流现象。根据控压钻井的工程实践经验，比较小的井涌在钻井平台是很难立即察觉到的，用流量计和控压钻井参数都很难体现井涌导致的变化。虽然录井工作会设定一个溢流门槛值，但是一般来说这个门槛值也比较高，检测不到比较轻微的井涌现象。随后挪威国家石油公司的钻井工程人员进行了防喷器关井，在关井过程中有轻微的井漏现象发生，为了稳妥起见，甲方监督人员决定直接用 9⅝in 套管封住这一段裸眼段，随后采用 8½in 的钻头和更重的钻井液继续钻进。

事实证明，第一次采用液面控压钻井的工程实践采用的施工地层地质条件比较苛刻，比预想的要复杂一些。因此再次开钻的时候挪威国油采用了全隔水管钻井以防井涌，打了 1100ft 之后又发生了井涌现象，这次井涌又是通过隔水管液面变化才发现，并没有通过流量计发现。

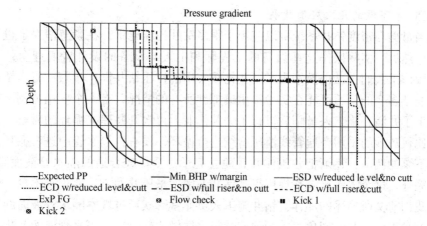

图 7-20　12¼in 和 8½in 井段的压力梯度

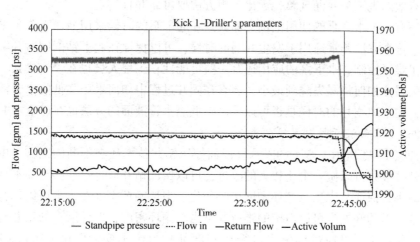

图 7-21　当量循环密度钻井模式下的井涌现象

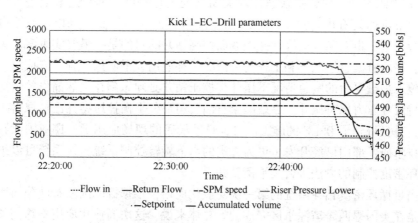

图 7-22　当量循环密度钻井条件下的井涌现象

25. 水下泵的几次应用效果

当量循环密度钻井系统可以应用于很多钻井控压施工，在紧急情况下也可以使用。然后，实际操作这些设备的工程师和工人与设备的设计者们理念是不同的，操作工人们自己也摸索出了一些比较实用的控压钻井操作步骤，海洋钻井情况是复杂多变的，不可能在实验室里模拟到所有的情况。有一个应用范例，有一次发生了井涌，施工人员随后进行了关井作业，再次开井建立循环的时候，施工人员比较巧妙的采用旁通管线泄压管线进行循环，没有在隔水管中进行循环，通过水下泵的调节，逐渐把井压住并且建立起了一个比较合适的隔水管液面高度，恢复循环。这个方法比起常规用提高钻井液密度来压井的方法要进步不少。而且正如我们前文所描述的那样，钻井施工人员非常喜欢通过观察隔水管液面的变化来监控是否发生井涌现象，因为他们觉得这样做比较直观，隔水管液面变化可以直观有效的观测到井涌现象，远比常规方法要可靠并且直观。

还有一个水下泵的使用范例。那就是在起下泵的时候采用液面下降欠平衡的方法，这个方法非常适用于发生井漏的时候，可以保证在起下钻的同时井漏现象不至于难以控制。水下泵的应用还有一些可能性，工程人员也在慢慢摸索，比如在漏失层位如何将漏失降到最小，还有在固井过程中如何采用降低隔水管液面的方法，在电缆测井的时候是否可以采用降低隔水管液面的方法也在讨论之中。

26. 隔水管液面控制系统的未来

如图 7-23 所示，未来的隔水管液面控压钻井技术还在不断的完善之中，下一步钻井液泵可以做一个比较大的改进，可以保证钻井液排量能够更加平稳的增加和减小，保证井底当量循环密度稳定变化，当量循环密度在未来可以进行表计算，这样做的好处是可以恒定的维持井下当量循环密度，保证所有的钻井施工过程中，包括起下单根过程中当量循环密度都能恒定不变，变化不超过 ±75psi。Delta 密封隔水管模块包括快速循环关闭系统也是发展方向，这套装备可以在紧急情况下迅速关闭井下循环，Delta 密封隔水管模块的控制问题以及设备可靠性还有待于进一步完善。最终钻井液液面控制钻井的目的是要最终实现深海欠平衡钻井，在所有紧急情况下和工程复杂情况下都能用欠平衡操作程序来应对。对于海洋施工最最要命的紧急情况下压井，控压钻井必须做到在突然漏失的情况下能够维持液柱压力保持压井。挪威国家石油公司在欠平衡控压钻井已经取得了技术突破，并且得到了 BSEE 的施工许可，只差最后的现场应用了。挪威国家石油公司的技术研发部门已经开发了更为先进的水下旋转控制系统，该系统可以采用当量循环密度控制的方法进行欠平衡钻井。

当量循环密度钻井系统的第一次商业化应用，根据挪威国家石油公司所声称的，是在美国墨西哥湾深水区完成的。总体来说，这次商业化应用不算完整，因为还有几个大部件并没有技术成熟，但是总体应用情况比较良好。挪威国家石油

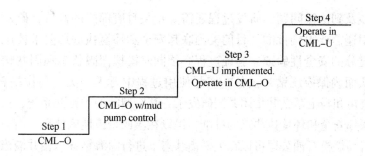

图 7-23　当量循环密度钻井的发展路线

公司采用隔水管液面控制的方法施工了超过 600h，没有发生井下复杂情况。这次商业化应用最重要的成果是大大提高了井涌现象的监测效果，挪威国家石油公司给这项工艺起了一个专业名字——快速连续井涌监测（Instant Kick Detection），当量循环密度钻井系统提供了两种快速有效的井涌监测方法——隔水管压力和水下泵转速。快速连续井涌监测比常规流量计监测法要更加快速并且可靠。当量循环密度钻井方法还可以快速进行井下压力控制，通过隔水管液面的快速调节进而控制井下的压力情况。挪威国家石油公司也给这项新工艺起了一个名字——起下钻液罐调节钻井。当量循环密度钻井系统的快速井涌监测能力已经被很多次井涌所证实。即便如此还是有一次井涌没有被新设备所提前发现，但是这次井涌的压井过程证实了新设备的压井能力是很好的。当量循环密度钻井系统在控制井漏作业中也发挥了很好的作用。挪威国家石油公司特别提醒的是，即便安装了更为先进的井涌检测装置，常规井涌检测手段比如流量计也不能忽视，常规钻井参数仍然是海洋钻井的基础。下一步挪威国家石油公司将进一步发展钻井液泵控制系统和快速环路闭合系统，这两项工艺的进步必将大大的提高现有钻井液液面钻井系统的工作能力，使该套系统在井壁稳定控制和减少井下作业时间方面必将发挥更大的作用。

第 2 节　钻井新技术：马拉松石油公司在墨西哥湾一次深水控压钻井过程

1. 技术摘要

众所周知，墨西哥湾下下第三系的储层窄密度窗口问题非常突出，为了更好应对窄密度窗口，钻井船舶需要安装控压钻井系统，控压钻井系统就是为了更好应对墨西哥湾深水高温高压井而研发的。墨西哥湾深水控压钻井系统使用研发过程中，遇到了诸多的问题，并作了针对性的改进。最终马拉松石油公司的工程人员总结出控压钻井系统三大技术重点：井底压力模拟技术，井底特征描述技术，以及控压钻井设备。需要注意的是，控压钻井系统的开发研制不仅仅是工程技术问题，还涉及到法律问题，研发过程还需要相关政府部门的监管，研发出来的产品现场使用还需要得到批准。目前美国联邦安全和环境执法局要求控压钻井产品必须得到充分的安全性验证，验证过程必须同时模拟裸眼状态和固井状态下的使用状况，从而确保控压钻井设备在实际使用过程中万无一失。马拉松石油公司、康菲石油公司和马士基钻井集团共同研发了一套新型的控压钻井系统，这套系统经过了美国联邦安全和环境执法局的批准，得以在墨西哥湾地区使用。由于拥有了这套设备使得马拉松石油公司可以在欠平衡状态下进行深海钻井，钻井液当量密度可以持续保持低于孔隙压力当量密度，需要调节的压力部分用回压装置进行调节。

如前文所述，控压钻井系统有三大技术重点不停地给使用者提出新的难题。第一个技术难点是井底压力模拟技术，控压钻井要求井底压力必须维持在一个给定的区间内，要根据模拟结果在钻井平台调节回压压力，能够通过回压装置进行调节，因此井底压力模拟模型被赋予重任，必须工作的非常精确才行。第二个技术难点是井底数据的实时获取，这对于地面工程人员判定井底工况具有重要意义，只有井底各项参数实时准确的获得，才能实时修正井底压力模型，但是获得实时参数的难度也是很大的，尤其是在起钻和下钻的过程中，井筒会产生抽汲取压力和激动压力，钻井液本身也具有可压缩性，这些都影响到数据获得的实时性和准确性。第三个技术难点是控压钻井设备，为了实现前两点，需要控压钻井设备更加耐用和可靠，这是硬件的需求，丝毫马虎不得。

2. 技术实施背景

墨西哥湾地区的窄密度窗口问题十分严重，尤其是下第三系储层的地层破裂压力和地层孔隙压力数值非常接近，井很难打。墨西哥湾下第三系主力储层是韦尔考克斯砂岩层，韦尔考克斯砂岩层上部破碎度很大，窄密度窗口几乎贯穿了整个砂岩带。钻遇这个砂岩体会遇到非常多的钻井问题，井涌、井壁失稳、井漏等严重工程问题层出不穷。由于不同砂岩沉积之间的密度窗口也不尽相同，井下压力层系非常混乱，有时会有非常极端的现象，钻井液的密度刚刚够压住下部地层却把上部地层给压漏了。遇到这种情况只能用下技术套管的方式进行弥补。虽然现在膨胀管技术的使用使得可以在保持井径的情况下钻达想要的深度，但是由于墨西哥湾地层压力层系复杂造成的额外成本、时间和巨大的风险，墨西哥湾深水区仍归类于属于世界上深海钻井难度最高的地区。

众所周知，石油开发中勘探井的风险性要远远高于开发井。墨西哥湾很多勘探井的地层压力预估来源于遥远的临井资料，或者来自于地质家根据盐丘的推测。在勘探井的钻井过程中，钻井液密度是根据地质师的预估进行调配的，但是预估以不准确的居多。在传统的钻井过程中，一旦有轻微漏失现象，就直接加入堵漏材料进行封堵，尽量坚持打到能够下套管封堵漏失层的位置。轻微的井漏常规钻井方法是可以处理的。但是一旦发生井涌就比较麻烦了，井涌一旦产生就要加大钻井液的密度，如果继续向下钻进脱离井涌层位，地层很可能出现更为狭窄的密度窗口，这时如果控制不好钻井液密度就容易压漏下部的脆弱地层，造成下漏上喷。

为了对付窄密度窗口问题，油田服务公司和油田开发公司想出了很多新办法。有一种技术解决方案是降低钻井液密度，在卡瓦下部安装旋转控制设备和备用钻杆防止井涌，也就是欠平衡钻井方法，属于临时性措施，但是墨西哥湾地区的油田公司还没有采用过这种方法，可能是由于安全问题。深海油田开发商迫切需要专门的控压钻井设备进行高效的油气开发。为此马拉松石油公司和康菲石油公司合资设计研发了一套控压钻井系统，安装在马士基公司勇敢号钻井船上，这套设备是永久性的随船设备，并不是临时性的可以随时拆卸的设备，是专门用于进行深海油气开发的。简单来说，这套控压钻井设备包含控压接口、旋转控制设备间、以及流入和流出管线。控压接头安装在卡瓦下部，伸入隔水管中。流出管线是一根 5in 管线，连接至缓冲管汇，返排出来的含岩屑钻井液先返排至此，再流入控压节流管汇和计量管汇，随后含钻屑流体才进入固控设备进入泥浆间。

马士基勇敢号计划在墨西哥湾钻井 3 年，最开始并没有安装这套控压钻井设备。这套控压钻井设备是后来加装上去的，在安装调试过程中，马士基勇敢号一直在进行常规的钻井作业。因为 2010 年之后海洋钻井相关法律法规比较严格，该套控压钻井设备需要获得政府许可才能够在墨西哥湾使用，为此马拉松石油公司和美国联邦安全与环境执法局的地区执法部门保持着沟通和交流，期望尽快获得使用许可。控压钻井系统的使用说明中包含超过 60 项安全操作规程，其中绝大多数是关于井控的。美国联邦安全和环境执法局明确要求：马拉松石油公司必须要先为控压钻井系统取得美国船级社的救生演练和系统可靠性认证，才能使用该平台进行欠平衡钻井施工，马拉松公司最终也取得了船级社认证。除此之外马拉松石油公司还进行了危险和可操作性的研究，以及风险因素识别工作，尽可能的减小控压钻井可能带来的风险。在正式进行商业钻井之前，马士基勇敢号特意找了一口已经废弃了的油井进行了现场使用测试，已验证控压钻井系统的可靠性，裸眼钻井测试是在该废弃井的上半部分做的。测试十分顺利，结果也很成功。马拉松石油公司将所有的测试报告都递交给了 BSEE 留档。最终，马拉松石油公司主持研发的这套控压钻井设备得到了 BSEE 颁发的施工许可。

控压钻井的基本原理是在常规循环系统上加装控压装置。加装控压钻井设备的钻机循环钻井液，也是从钻杆内部泵入钻井液，从钻杆和井壁之间的环空泵出钻井液，但是在泵出钻井液进入固控装备之前，含岩屑钻井液先进入节流装置，节流装置可以比较灵活的调节和控制井口回压。控压钻井时，井口转盘下部安装有旋转控制系统，钻杆和转盘之间被密封件密封住，以免回压泄露。隔水管也要经过压力测试，以确定能够承受的最大压力是多少。在控压钻井系统启动之前，要先停泵确定当量静止密度，然后开泵循环确定当量循环密度，随后调节节流装置增加回压，这时井下的当量密度产生的压力会升高，起到了加重钻井液的效果。由于控压装置有微调功能，回压控制的当量密度可以以 $0.0012g/cm^3$ 的单位幅度进行调节，井下压力调节能做到非常精确可控，不需要对钻井液进行加重或减轻就能起到相同的效果，而且更加简单方便，大大改善了钻井施工条件。控压钻井系统还能结合实际井下参数，综合自己的模拟系统预测井下工况情况并进行相应的调节，比如起下单根的时候井内会产生抽汲压力和激动压力，该系统都能适时调节回压保证井下压力平稳。

控压钻井系统还有一大优点——能够早发现井涌现象。控压钻井系统在泵出口以及节流装置处都安装了科里奥利流量计，这种流量计精度非常高，只要流量有十几升就能精确的测定准确的流量数值。由于控压钻井系统安装有这套测量装置，因此对于井涌和井漏的发现时间比过去大为提前。在正常钻进过程中，以及在进行起下钻等井下施工过程中，井涌都能得到实时监测，非常精确，哪怕井涌量只有几十公升也能测得出来。井涌不太严重的时候，控压钻井装置还能降井涌控制住循环到隔水管中，不需要动用压井管线。节流压井管线一旦联通会造成额外的摩阻，加大当量循环密度，不利于井下实行精细井控，因此打开节流压井管线压井对控压钻井是很不利的。虽然目前来说 BSEE 还不允许在井涌状况下不使用压井管线，但是马拉松石油公司这套控压钻井系统表现出了优异性能，证明了带压作业在未来钻井工程中具有，巨大潜力，在不久的将来，BSEE 也许会批准控压钻井带压作业。带压作业还能节省大量的成本，因为压井作业本身非常耗费时间。海洋钻井，一寸光阴一寸金。

3. 控压钻井设备简介

常规的控压钻井系统控制部分多采用比例积分微分控制法，也叫做 PID 控制法，但是对于控压钻井来说，Samuel 等认为 PID 方法并不是非常的管用，在钻井过程中一旦遇到压力波动，PID 的控制并不得力，不易阻止井下复杂情况的产生，PID 系统控制过程中的漏失、井涌和井壁失稳情况是很多的。为了避免这种情况，要求新的控制系统必须更为先进。新一代控压钻井控制系统需要满足的指标包括：

（1）节流阀的可操控性能更好。

（2）控制系统的面板要更容易操作，原来的控压钻井设备间仅仅是一个简单的节流阀操作间，新的操作系统必须要有更方便舒适的操作系统。

（3）具备能全面的操作能力，不仅要能操作节流阀组，还要能够操作压力传感器等控压钻井系统的其他组成部分。

（4）控压钻井系统的进口流量计和出口流量计都要安装，流量测量要更加精准，钻井液密度要能够实时测量。

（5）系统能够整合钻井的各项指标，能够结合流量显示出实时的水力模型。

（6）能够可视化显示井底压力的实时状况，不仅在平台操作间而且在陆地也能实时显示。

由于新一代控压钻井系统有上述要求，所以需要安装一些新的设备：

（1）阀门控制系统。

（2）控压钻井节流控制系统。

（3）钻井液进井出井都安装有流量计。

（4）全井钻井系统可视化、有监控和模拟系统，能够瞬态模拟水力模型、井温、固体运移以及力学模型计算。

1）阀组控制系统

马士基勇敢号上的这套控压钻井设备安装了一套阀组控制系统，这套系统能够做到可视化控制缓冲罐、节流阀和计量阀等阀门的开关。阀组控制系统由电动控制，可以远程遥控操作，精度也非常高。这套控制系统软件是为控压钻井特意改制的，不仅能监测和控制阀门开关，还能在显示器上实时观察钻井流体的流动形态，从而帮助钻井工程师确定所选用的流型对当前施工最为有利。钻井工程师操作这套控制系统是通过人机交互界面来完成的，通过在显示屏上的操作直接启停阀门。人机交互界面的屏幕还能实时显示系统的整体诊断信息，一旦发生异常状况，还能发出预警。在显示器上能够看到控压钻井系统各部分的模拟布局，能够实施监测所有的工作数据。显示器布局如图7-24所示，图形用户界面显示的数据包括：3个阀组的阀门工况、泄压阀工况、钻井液入井和出井口科里奥利流量计计量出的流量数据、缓冲罐工况、压力传感器工况以及控压钻井系统节流阀工况。该系统支持遥控控制，人机交互界面也比较清楚简明，因此钻井施工人员可以比较轻松的了解整体钻井流体的工作状态，从而更好地确保施工安全，提高工作效率，切换控压钻井模式和常规钻井模式也可以比较安全平稳。

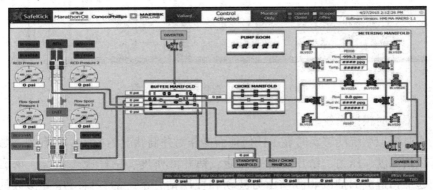

图7-24　Safety Kick 操作界面

2）可视化井筒界面，可做到实时监控和实时模拟

可视化井筒、实时监控和实施模拟系统利用安装在钻井平台相应部位的传感器实时监控和记录井内的工作状况，一部分参数可以直接获得，另一部分参数可以通过模拟得到，比如立管压力、井底压力和大钩载荷等等。两部分参数通过结合就能帮助使用者判断井下工作状况，一旦发现苗头不对，就赶紧召集相关人员和部门进行磋商讨论，采取措施，防止井下复杂升级成井下事故。该操作系统还能储存原始数据和处理过的数据，还能随时调取之前的数据，对于一些关键作业时间节点，能够随时调取重复观看以利研究。该可视化界面给钻井日常操作带来了极大的方便，主要体现在以下几个方面。

（1）井筒可视化。

显示井筒几何图形。井筒可视化功能能够精确清楚的模拟并描绘井筒的几何尺寸图形，显示在显示器上可以实时参考，随着井筒数据的不断更新，还能自动升级显示模拟结果。

显示井筒深度压力梯度。井筒可视化功能能够非常直观的显示不同井深处的临界压力和温度，提供钻井液当量密度的参考值。

显示钻井日志。可根据使用者的需求，记录井下作业的具体过程和施工情况。

井筒可视化系统操作界面如图7-25所示。

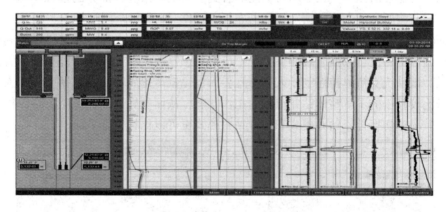

图7-25　井筒可视化系统操作界面

（2）实时模拟系统。

实时模拟系统能够实时显示任何地面操作对井筒状况的影响。所有的参数变化，包括温度、压力、钻井液流变性能、钻井液密度、钻杆旋转状况、携岩状况、起下钻造成的抽汲和激动压力波动和控压钻井系统的井口回压等参数的变化，都能够实时的反馈给实时模拟系统，进行同步整合处理，实时呈现在人机交互界面上供使用者参照。

实时模拟系统能够精确的计算井筒内压力，并持续不断的显示井筒内部不同井深的压力分布状况变化。实时模拟系统可以快速的整合钻机的实时数据，并计算井下压力，调整显示井筒内压力分布的实时状态。值得注意的是实时模拟系统不仅能够监控正常钻进情况下的压力分布状态，还能够监控非正常钻井情况下的井内压力变化情况，比如正在进行起下钻操作、井控操作、控压钻井操作或者是移除旋转控制装置时的操作等，都能够做到实时监测不中断。

实时模拟系统能够帮助操作人员辨别异常状况，一旦参数出现异常提前发出预警。

实时模拟系统能够持续显示井下压力、地层硬度、水力参数和井筒几何参数，即时数据来源暂时中断，数据显示也不受太大的影响。

（3）该软件其他优势。

该软件具有提前估测的能力，能为将来的施工打下良好基础。

该软件具有起下钻的各项参数计算功能，比如能够计算洗井状态下或者井底温度变化条件下起下钻的一些极限参数，这个特点非常有利于做施工设计。

该软件能够实时计算井涌允量。

3）控压钻井需要克服的困难

控压钻井的目的只有一个：在尽量减少井下复杂情况的前提下，用最简单的套管层次来完成钻井工程。控压钻井技术完成这个目的的手段是：尽量维持井筒的压力，避免不必要的压力波动，当有轻微井涌和井漏迹象发生时，能够采取比较适当的方法来克服。

马拉松石油公司在设计控压钻井设备的过程中，总结了对设备性能上的要求，具体如下：

节流管汇的外径最优尺寸为152.4mm。研究人员经过对钻井流体水力参数的模拟，认定外径152.4mm的管流中，水流的摩阻最小，对管线的磨损伤害最轻。但是目前石油行业内部并没有152.4mm外径的节流管汇，需要设备制造商重新设计和制造。

泥浆泵必须安装科里奥利流量计，流量计不仅要能测钻井液出入井的流量，还要实时监测钻井液的密度。

控压钻井设备的各个部件在安装集成之前，已经在实验室模拟环境下进行了非常详尽的测试，但是研发人员认为在实际钻井的条件下，还会有一些意想不到的情况发生，在矿场实验时需要做好心理准备。

4）节流管汇控制系统

马拉松公司在研发这套控压钻井的时候，油田服务市场并没有提供相应的控制软件。这套控该型驱动器控制下的节流管汇压力变化更为平稳。在控制技术的选用上，马拉松石油公司选用了比较先进的智能预测控制算法（IPC），这种控制算法能够"学习"并预测钻井参数的变化，和传统的比例积分微风控制法（PID）相比，IPC法更为智能，不需要过多的人为操作，能够有效减少人为失误带来的风险。总体而言，新型节流管汇控制系统的可操作性能更好，和PID方法相比，出现过操作和操作不够的情况会大大减少。

通过人机交互界面，钻井工程人员可以很方便的操作节流管汇，根据工程需要，轻松的切换76.2mm或者152.4mm节流管线。施工人员也能够同时操作两根节流管汇。节流管汇控制系统含有手动操作和自动操作两种工作模式，其中的自动模式极大地方便了控压钻井作业：

自动模式下，控压钻井系统通过实时获取节流阀位置的压力，可以自动控制平台的回压。

自动模式下，控压钻井系统可以控制井筒中任意深度的压力，该深度节点位置可以是井底，可以是套管鞋，也可以是其他深度位置，视具体的工程需求而定。

4. 现场应用中得到的经验和教训

马拉松石油公司这套控压钻井系统现场应用效果是非常好的，这套系统包含了很多先进的技术和最新的设备。在现场使用过程中，使用者总结了如下使用经验。

（1）应当重视科里奥利流量计的计量精度问题。

众所周知，科里奥利流量计的计量精度是非常高的，但是这种流量计本身也有一定的局限性，一旦没有钻井液循环，流量计中的流量管就会有排空的趋势，在循环停止的时候，流量计所显示的钻井液密度和流量有可能会不准。由于水力模型实时模拟系统对于数据的准确度要求很高，一旦实时数据不够准确，整体的水利数据模型（图7-26）就会出现严重的偏差。针对这种可能会发生的情况，软件设计人员专门加装了泥浆泵的冲数传感器，一旦泥浆泵停止循环，软件自动发出指令，流量计的读数会被自动修正。

（2）152.4mm外径节流管线的设计工艺问题。

控压钻井系统的节流管线采用伺服电控系统，电动马达传输的动力持续而稳定，可以有效的避免节流管线的操作性损坏，一旦马达的扭矩过高，管线开合就会自动停止。节流管的出入端口含有4个旁通端口，空间足够大，一般的堵漏材料和钻屑都可以自由通过不会堵塞，最坏的情况也只是将出入端口部分堵塞而不会堵死。出入端口的堵塞会导致电机马达高扭矩问题，一旦出现这种情况，节流管汇就自动打开旁通阀，平衡进出端的压力从而降低扭矩。

（3）节流管控制尽量采用自动控制模式，减少手动控制模式。

在接单根的时候手动控制节流管汇比较困难，井口回压波动厉害，难以达到控压钻井的效果。采用自动控制模式的节流管汇对于井口回压的控制就平缓的多了，这一点已经得到了验证。

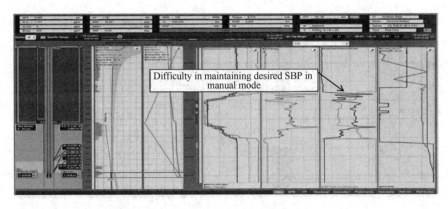

（a）

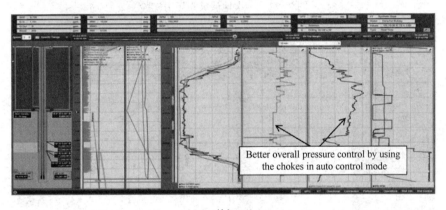

（b）

图 7-26　实时水力模型模拟控制图

（4）控压钻井系统可以有效提高地层破裂测试和地层完整性测试的施工效果。

由于控压钻井系统具有优良的当量循环密度控制性能，在做地层压力测试的时候，同时还可以测试钻进中地层压力状况（图 7-27）。科里奥利流量计的运用还能大大提高测量精度。控压钻井系统使得地层压力测试的准确度上了一个新的台阶，更够更好的描绘井底地层的状况。

（5）控压钻井系统可以做到接单根自动稳压。

自动稳压技术的应用前提是钻井水利模型动态比较准确，同时了解地层的破裂压力以及孔隙压力梯度范围，控压钻井的应用解决了这两个前提条件，使得自动稳压技术得以成功应用。

在接单根的时候，由于停止钻进所以得不到井底压力的精确数据，自动稳压技术这时就派上了很大的用场。如图 7-28 所示，在接单根的时候，地面的压力数据和井下模拟数据要做自动的对比显示，由于接单根要上提下方钻柱，产生

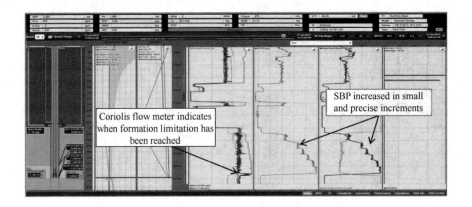

图 7-27 一次地层破裂压力实验

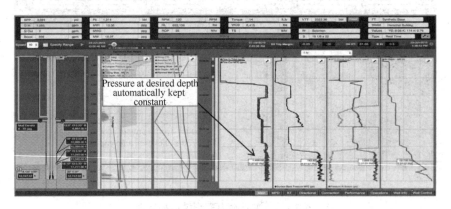

（a）

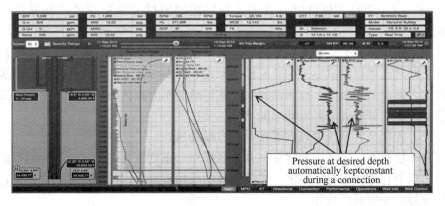

（b）

图 7-28 接单根时的控压操作

了抽汲压力和激动压力，所以压力显示有一些轻微波动，控压钻井系统通过节流装置可以自动实时弥补这一压力变化。当然，自动化也不能完全代替人工的手法和经验，钻工在接几次单根之后也掌握了控压钻井条件下平稳接单根的技术。得益于控压钻井系统的人机交互界面，工程人员还发现了很有趣的现象，在钻井液循环暂停的时候，钻井液凝胶强度上升，造成了一点点失重导致井下压力减少，为了弥补这部分失重，钻井操作人员学会了在停泵之前就采取弥补措施，通过操作节流装置增加一部分压力。

5. 井涌监测

勇敢号上安装的控压钻井设备和软件非常先进，非常有利于监测和发现井涌和井漏现象，哪怕井涌和井漏的量非常的小，也能敏锐的观测到。图 7-29 和图 7-30 所示为一个实际工程案例，在该案例中，一个井段的钻井已经完成，正在进行循环洗净，同时进行井筒压力监测，循环洗井过程中，科里奥利流量计没有检测到井涌或者井漏现象，但是当洗井停止的时候，流量计检测到了一个轻微的井涌，得到警告信号的钻井井组立即采取了井控措施。

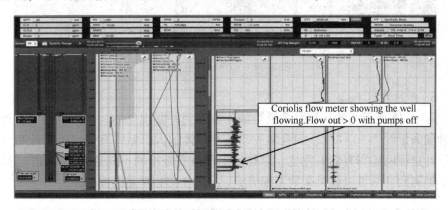

图 7-29　科里奥利流量计监测下的井涌现象

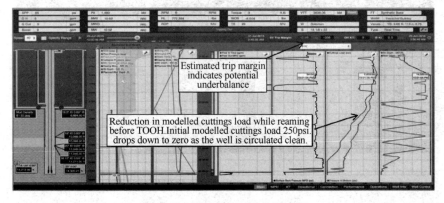

图 7-30　模拟算法下的井涌预测

工程人员一边进行压井作业，一边分析井底压力模拟的资料，随后发现在检测到井涌现象之前，井底压力就有欠平衡情况发生，超压约 1.724MPa，工程人员又计算了起下钻的密度窗口，确定了井涌的原因是岩屑离开井底造成的，并没有遇见高压层。随后泥浆工程师加大了钻井液密度，同时在井口回压也进行了调整，慢慢的把井底压力控制住（图 7-31）。通过这个案例钻井井组积累了一些经验，对于控压钻井未来的施工更有帮助。

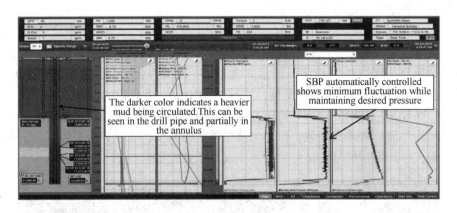

图 7-31　加重钻井液循环

6. 井漏监测

图 7-32 所示为控压钻井系统是如何检测到井漏现象的，该图中可以看到每分钟漏失量约为 30~38L，而且漏失量还在慢慢加大。钻井液进口流量计和出口流量计也证明确实有漏失发生，以往的工程设备是检测不到这么小的漏失量的。提早检测到井漏可以提早采取工程措施，有助于防止严重井漏的发生。

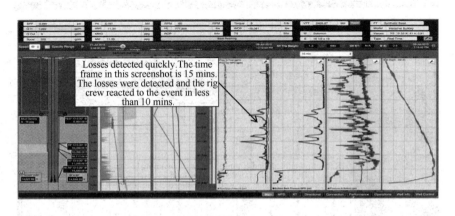

图 7-32　科里奥利流量计监测到井漏现象

7. 起下钻时如何更好的应对抽汲压力和激动压力波动

即便在陆地钻井中，起下钻时的井控非常棘手的问题。起下钻往往伴随着井涌和井漏，困扰着钻井工程人员。在一寸光阴一寸金的海洋钻井中，起下钻的压力控制更是重中之中，尤其在窄密度窗口的地质条件下。控压钻井可以比较有效的克服这一问题。我们已经知道，对于控压钻井过程中对于井底压力的控制主要通过平台上的节流管线回压来控制，但是由于钻井液体的可压缩性、压力的传导滞后性，导致平台的压力已经变化但是还来不及传导到井底，造成控压失败，有时候起下钻都已经结束了压力才传导到井底。如何克服压力传导的延迟性是个很棘手的问题。勇敢号的钻井工程人员经过几次起下钻，比较成功的掌握了控压钻井起下钻的压力控制问题。图 7-33 所示为一次起钻作业，钻井工程人员在起钻前提前注入了约 1.3MPa 的压力补偿，而后发现井底有轻微漏失现象，地面操作人员进行了紧急调整，将回压减少了 0.055MPa，漏失停止。如果没有非常先进的压力传感设备，地面人员是根本无法查知这么微小的压力变化的。

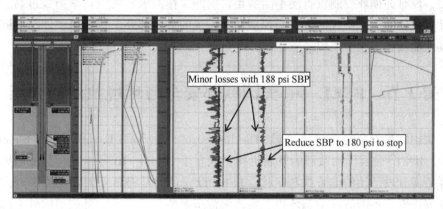

图 7-33　窄密度窗口下的起下钻作业

实现稳压起下钻还有一个重要配件，那就是增压泵。增压泵用来循环隔水管和节流管中的钻井液，在接单根时增压泵发挥着重要作用，可以确保井筒不吸真空保持井口回压稳定。勇敢号上的这套控压钻井设备计算井筒内流体的增加或者溢出量是通过高性能科里奥利流量计，而不是目测观察泥浆泵的液位，因此精度非常的高。

8. 旋转控制装置承压问题

旋转控制装置设计承压为 12.8MPa，设计过程严格遵照 API 16-RCD 标准执行，但是制造工艺有了很大的改进，承压接头感应控制装置是用来监测承压件坐封与闭锁的，新的感应控制装置更为灵敏可靠，密封性能更好。承压接头的密封工艺还增加了转接集成，一旦密封失效可以自动切换成密封状态。以上的工艺改进不仅有马拉松石油公司工程人员的功劳，还有旋转控制装置承包商的努力。

美国联邦安全与环境执法局为马拉松公司的控压钻井设备颁发了使用许可证，这是墨西哥湾深水钻井领域的一件大事，为未来的深海钻井工业立下了一座里程碑。马拉松公司克服了很多的技术障碍，成功的运用该套控压钻井系统进行了商业钻井。

模拟软件、井底实时数据和辅助控压钻井设备的有效使用，可以大大克服深海钻井的一系列工程技术挑战。这一点已经被实践所证实。

事实而精确的控制井底压力是该套系统的一大特色，有助于钻井过程中快速成功的钻过窄密度窗口地层。在接单根和起下钻过程中控压钻井系统显示出灵敏可靠的信息传导能力。该套控压钻井系统也成功革新了地层压力测试和地层破裂测试工作。所有这些成果都证明，通过平台回压控制对井底压力进行精确控制是可行的。

应该看到，循环控制系统的密封失效问题还在困扰深海钻井工业，需要尽力克服，现有的循环控制设备还不能满足目前的工作需求，更换频率仍显过高。此外计算机软件模拟系统的研发是控压钻井系统的关键部分，软件和硬件都要同时研发才能满足需要。

第3节　BSEE——美国联邦安全与环境执法局介绍

美国联邦安全与环境执法局(The Bureau of Safety and Environmental Enforcement，BSEE)是美国内政部的下属机构，成立于2011年10月1日，是专门针对海洋资源开发活动的监督执法机构。BSEE设立目的是提高外大陆架资源开发活动的安全性、保护海洋生态环境、实现海洋资源的合理开发。目前美国外大陆架主要开发资源是原油和天然气。

BSEE工作重心是监管所有海洋资源开发活动的人员安全防护、应急预案、环境保护以及资源的合理开发(图7-34、图7-35)。BSEE以每年进行上千次例行检查和突击性检查，同时还研究安全技术，并强制资源开发公司建立并遵循本公司的安全和环境管理体系(Safety and Environmental Management System，SEMS)。一旦发生严重的海洋安全和环境事故，BSEE还将负责事故调查。

BSEE总部位于美国首都华盛顿，在美国内政部大楼内。BSEE有6个国家级项目部门，3个地区办公室，为别位于阿拉斯加州安克雷奇、加利福尼亚州的卡马里奥和路易斯安娜州的新奥尔良。在墨西哥湾地区还有3个分区办公室。BSEE在弗吉尼亚州的斯特林有分支机构，在德克萨斯州和新泽西州有技术研发机构，这些机构专门针对漏油事故和其他海洋安全问题提供最新的技术解决方案。目前BSEE的雇员共有850人。

图 7-34　BSEE 在钻井平台现场检查　　　　图 7-35　BSEE 进行水下设备检查

1. BSEE 各职能部门

1）海洋资源开发法律办公室(Office of Offshore Regulatory Programs，OORP)

海上资源开发法律办公室负责归口管理有关于外大陆架海域的所有矿产资源(包括石油和天然气)法律法规，以及行业标准规范。下面有 4 个分支部门：

(1) OORP 新技术部。该部门专门负责判定和发展海洋开发的新技术，确定现有的开发技术处于行业内最领先，保证最先进技术的最广泛利用性和最安全性(Best Available and Safest Technologies，BAST)。

(2) OORP 海洋安全促进部。该部门负责巡视督查 BSEE 其他部门。

(3) OORP 培训部。该部门负责 BSEE 员工的培训。

(4) OORP 执法局。负责对现场执法进行技术支持。

2）预防原油泄漏部(Oil Spill Preparedness Division)

预防原油泄漏部负责监督所有海洋施工对一切漏油可能进行提前防范，一旦发生漏油实施紧急预案。

3）环境保护部(Environmental Compliance Division，ECD)

环境保护部是 BSEE 三大部门之一，负责监管和督促海洋施工单位执行强制性的环境标准。

4）安全事故调查部(Safety and Incidents Investigations Division，SIID)

安全事故调查部负责调查重大安全事故。

5）安全执法部(Safety Enforcement Division，SED)

安全执法部负责制定和执行安全法律法规，对所有施工方进行安全管理。

BSEE 坚信所有安全事故都能够避免和预防，人员伤亡率只有是 0 才可以被接受。

6）行政办公室（Office of Administration）

行政办公室负责协助 BSEE 和 BOEM 进行日常工作，包括财务、管理、数据库等部门。

2. BSEE 执法情况

BSEE 安全检查专业性较强，检查比较仔细，2016 年 1~6 月，总共有 11 家单位向 BSEE 缴纳总计 1351520 美元罚款。罚款原因其中既有失火、燃气泄露等安全事故，也有安全隐患防控不利所缴纳的罚款。

从 2006 年美国联邦政府颁布强制信息公开制度后，美国海洋油气开发每年的安全环保事故 300 多起，2011 年 BSEE 成立后安全环保事故呈上升趋势。2012 年事故总数有 277 起，2013 年事故总数有 321 起。

总之，BSEE 自 2011 年成立以来，工作是很有成效的，显示出了美国政府行政能力的强大和灵活，总结起来 BSEE 工作有三大特点：

（1）实事求是。

BSEE 所申请的预算和工作计划都原原本本的根据实际情况来，并没有盲目提出要减小事故率污染率（事实上也不可能）。工作扎实具体，不好高骛远，不好大喜功。

（2）重视调查统计工作。

BSEE 的网站上，所有的安全事故都有详细的调查和统计，格式规范、事实清楚，来源确凿有证据，没有空话。每个部门都各司其职，没有过多业务重叠。而且 BSEE 工作非常专业细致主动，对于安全隐患罚起来毫不手软，并不是等着事故发生再行动。

（3）重视新技术的应用和推广。

BSEE 并不是一个以罚代管的部门，不以罚款为目的，非常重视施工单位的技术研发并提供相应的帮助。BSEE 自己就有防漏油技术中心，自己的技术支持团队有大量海洋石油开发专家。执法部门的职责之一就是监督施工方有没有采用最先进的施工方案，这一点尤其值得重视。

第8章 钻井实例分析

第1节 膨胀管应用实例——Nexen公司在墨西哥湾的某井

1. 该井简况和钻井遇到的难题

Nexen石油公司在墨西哥湾某区块已经钻完一口井，2001年年终开钻，2002年12月投产。该公司计划在该井基础上，开窗侧钻一口定向井，在现有产量基础上以提高产量。

第一口直井完井深度为22000ft，生产套管外径7⅝in，钻穿储层用的泥浆密度为1.8g/cm³。Nexen公司计划第二口侧钻井在第一口井的9⅞in生产套管上开窗侧钻，由于第一口井已经生产了一段时间(具体时间不详)，导致该井附近联通的储层压力密度当量已经降低到了1.2g/cm³。

第二口侧钻井设计的完钻井深为2300ft，计划直接用8½in的钻头打到底，用7in或者7⅝in套管完井。

但是由于突然遇见高压层，第一次侧钻失败了。高压层位于21000ft深的位置，压力高达15.6ppg，大大超出之前的预期，高压层的流体直接冲进了井筒内的低压区导致第一次侧钻井报废。不得不弃井进行第二次开窗侧钻。

第二次侧钻井，摆在甲方面前的情况是：打到异常高压层前用一定会用一层套管封隔低压区，否则井还是打不成，但是那样势必降低生产套管的直径，对于以后的生产颇为不利。但是钻井设计没有考虑到使用中间套管，为了使生产套管直径不至于过小，Nexen的技术专家想到了膨胀管技术。

2. 膨胀管技术的确定

经过反复论证推敲，最后Nexen公司决定采用膨胀管来作为第二次侧钻的中间套管，这段膨胀管总长度是1710m，从开窗口钻到20600ft，井下钻具组合组合钻头选用8½in，而扩孔器选择9½in这就意味着膨胀管扩张之后的外径(9⅝in)比井眼直径还要大1/8in。这意味着膨胀之后的套管与井壁之间紧紧相贴甚至没有水泥环的空间。

但是当时超2000m的膨胀管技术还有一些不成熟的地方，技术规格能不能满足要求，还要结合很多具体情况来实施。需要考虑的因素包括：整体的质量、膨胀接头的抗拉抗扭载荷、扩张比、扩张需要的起始压力、管柱抗拉和抗挤能力、井下工况（泥浆密度、温度、井斜角、狗腿度等）。当膨胀管下井时遇到阻卡还需要管柱能够承受一定的拉力余量。

3. 施工过程

当 Nexen 公司最终确定膨胀管技术路线后，乙方单位迅速组织设计和制造相关管材和工具。由于美国相关行业已经具备高性能石油用钢材的制造能力，所以施工准备的比较迅速顺利。仅仅用了三天时间，管柱设计的相关图纸就画了出来，交给管材加工商按照图纸样式加工制造。超长膨胀管有一个核心部件是高载荷膨胀器，这个膨胀器是受压力控制工作的，必须要保证不提前工作，而且还要保证膨胀管材的综合受力下不变形，不造成阻卡事故。

生厂加工厂家以前没加工过标准规格这么高的高载荷膨胀器，为了确保施工安全，一共生产了4部，其中两部拿来做地面测试，两部拉到海上平台施工，一开一备。加上设计和调试运输的时间，安装准备工作一共进行了两个星期。

膨胀管一共有190根，缓慢下入井中，同时尽量减小激动压力，在还剩980ft时，井眼有略微的缩径现象，因此开泵循环清洗井壁，好在有惊无险，随后泵入水泥浆，随后投入膨胀器开关膨胀开始。起始膨胀压力达到了3600psi，符合设计标准，随后稳定膨胀压力一直维持在1200psi左右。施工总体比较成功，最后井顺利打完，终于达到了大井眼完井的目的。

第2节　墨西哥湾地区工程复杂井钻井实例

1. 雪佛龙公司 MC713-1 井失败案例

MC713-1 井是一口没有钻成功的井。该井开钻于 1997 年 3 月 5 日，水深3197ft，盐层厚度为 9746~14754ft，由于在盐下遇到超高压，无法钻达目的层位，最终完井深度停留在 16126ft（垂深）。

该井地理位置位于密西西比峡谷，属于 Atlas 远景勘探区，Altas 远景勘探区包括 MC713、MC714、MC757 和 MC758 等区块。正如我们之前所述，墨西哥湾地区最为复杂的钻井条件存在于盐下构造。该地区的盐下构造主要受控于接缝构造（Weld）的延伸带，接缝构造发源于 31200ft 深的地层。该地区盐下构造受活动盐丘构造的影响反而比较小。

在本井的钻井过程中在盐下有一段比较薄的断层泥，该层位的电阻率几乎测不出来。盐下构造向西南方位延伸很大，对地层造成了挤压，这被认为是导致高压水层窜入造成井报废的主要原因。

窄密度窗口也很令人困扰，本口井不论是盐上、盐中、盐下钻井都不顺利。

尤其是盐下高压层十分厉害，把砂岩的水硬挤进了井筒，随着井筒流进了盐丘砂岩结合部，下喷上漏，导致不得不封井进行侧钻，然而侧钻由于高压层还是能和低压层联通，随后该井宣告钻井失败。

Karpa 仔细分析和论述了该井的钻井问题，他认为钻井失败归咎于窄的过分的密度窗口(约 0.6g/cm^3)。在盐中钻进的时候，13911ft 的位置发生了井涌，随后提高泥浆密度到 12.5lb/gal，结果井漏了，又降到 12lb/gal，还是漏的止不住，打到 15120ft 实在打不动了，不得不下一层 7⅝in 的技术套管。但再次开钻还是继续老问题，下喷上漏循环往复，只得再侧钻，但是侧钻也还是不能解决窄密度窗口带来的问题，实在没办法只得弃井。弃井前进行了 12h 的"噪声"测井，测井结果表明深部的砂岩(15570~15650ft)的水流进了盐底层。温度和声呐数据都证明了漏失的层位就是盐底。

2. 雪佛龙 MC714-3 井

雪佛龙 Well MC 714-3 井是 MC713-1 打报废之后又开始打的一口井。该井开钻于 1998 年 9 月 5 日，最终完钻于 16083ft 就再次打不动了。盐层位位于 8970~15130ft(垂深)，钻井平台水深 3262ft。由于上一口井 MC713-1 打报废了，所以这口井钻井队就很小心，好在上一口 MC713-1 井积累了很多施工经验，因此盐上和盐中钻井都没发生太大的问题，比较顺利的打到了盐下层位。由于上一口井盐下有焊接漏失的层位，所以本井还有一个一个主要目的就是想查明易漏失的层位具体有多厚(这关系到对以后钻井的指导)，上一口井由于严重的高压井涌导致无法测定有多厚。

钻离盐下的泥浆密度为 14.6lb/gal(循环当量密度 15.2lb/gal)，盐下分界线具体深度约为 15000ft(垂深)，随后就直接复制了上一口井的严重井控问题，井涌和漏失循环往复无休无止。即便在接下来的 1000 多英尺进行了大量的井控措施，最大泥浆密度已经调到了 15.5lb/gal，但还是无法继续打下去，最后用 9⅝in 套管封隔后进行了弃井作业。

本口井的盐下区压力窗口还不到 0.7lb/gal。301.6mm 技术套管下在了盐下 33ft 的地方，继续开钻后在 15205ft 深度又发生了井涌，随后调高泥浆密度到 15.2lb/gal。根据地质录井的数据，盐下的第一个小层是粉砂岩，随后是砂岩和页岩的互层，页岩质地又硬又脆。

钻至 15962ft 又发生了井涌，随后调高泥浆密度为 15.2~15.4lb/gal。在 15961ft 实测井深下了一层 9⅝in 技术套管，固井后又试着打了几十英尺，地层压力还是过高，为了把井压住，在 15977ft 深处将泥浆密度从 15.4lb/gal 提高到了 16lb/gal，稳定的钻了 20 多英尺后，在 16000ft 深处又发生了漏失，只好再降低泥浆密度到 15.6lb/gal，在 16033ft 处又继续发生严重漏失。短短的 72ft 进尺几乎漏光了钻井液，复杂层位还是深不见底。钻井工作人员只得忍痛打消了继续钻下去的念头。

Czerniak 利用 MC714 井的失败案例，研究了 VSP 法预测地层孔隙压力的准确性。他悲观地总结道，该地区的地质条件过于恶劣，即便引入膨胀管技术也不见得能钻到想要的深度。

3. Spa 勘探区 Conoco 公司的沃克山脊 e285-1 井

在 Spa 勘探区，Conoco 公司在 2002 年打了一口井，井号 285-1，该井位水深 6654ft，目的层垂深为 29452~29434ft，盐层厚度 9981ft（盐顶深度 9181ft，盐底深度 19181ft）。这口井是墨西哥湾地区最深的井之一。该井所有的靶点都打到了，比较圆满的完成了各项地质任务。Rohleder 等仔细研究了该井的钻井过程，包括钻井工程设计、钻井过程以及经验和教训。他还根据该井取得的数据研究了盐丘体的有限元模型，证实了盐下部的地层破裂压力有一个骤降，幅度约为 3lb/gal，由于他的贡献，在后来墨西哥湾地区的钻井实践中，都纷纷采用地质力学有限元模拟来模拟盐丘的情况，使钻井公司可以更有把握的应对比较复杂的深水井。

该井打穿的盐层是一个合生盐冠，地质特征是盐退小盆地，该井北面和南面都是这种盆地。盐下的 260ft 可能是断层泥岩或者碎屑岩区，根据是测井曲线中伽马曲线和电阻率曲线严重交叉不协调。盐下 40ft 还有沥青层，140ft 发生了井漏，都在这 260ft 厚的碎屑岩层里面。该井的复杂层位也就是 260ft 厚。

之前预测 Spa 地区的盐下压力特征是破裂压力骤降，孔隙压力骤升。其中在做钻井设计的时候已经考虑到了由于地质构造可能引起的破裂压力骤降，因此钻井施工已经做了相应的预案。最低泥浆的密度已经被事先设计好，严格观察钻速一旦有漏失苗头立刻降低泥浆密度。由于事先料定盐下破裂压力必降，因此在钻穿盐层后进行了破裂压力的实验确定了破裂压力。

从图中可以看出，钻井前预测地层破裂压力的工作做得非常准确，预测孔隙压力不那么准确，盐下的地层孔隙压力变化没有很剧烈。25600~27500ft 钻遇了高压层，使用了 14.5lb/gal 的泥浆才把井压住。

本口井还有一个实际发现，钻井液密度对于控制盐岩的蠕变至关重要，因为下中间技术套管的时候遇到了阻卡事故。在碎屑区由于地质互层太严重，导致钻具震动极为剧烈震坏了 LWD 工具。盐下 1400ft 的位置由于加大了钻井液密度导致了漏失，好在发现及时被制止住。由于需要非常仔细的担心压漏地层，泥浆工程师全程不敢过分加大泥浆密度。

这几口工程复杂井基本代表了墨西哥湾地区的钻井特征，盐下钻井避高温高压钻井更复杂一些，对于墨西哥湾地区来讲，盐下的地质情况非常复杂，钻井密度窗口太狭窄不宜预测和控制。因此在墨西哥湾地区钻井一定要事先搞好盐下碎屑区的预测工作，发现情况及时分析及时处理。实时的 LWD 数据也很关键不能忽略，LWD 反馈的数据突变往往意味着井下要出复杂状况。只要把实施监测数据工作做好，很多工程复杂井是可以打完的。

第3节　油田开发实例：Perdido 油田的开发历程——壳牌公司深海开发技术历经五年愈发成熟

Perdido 油田发现于 2002 年，是墨西哥湾超深水开发的标杆性油田，代表了最前沿的深海技术的成功应用。深海油田开发的成功非常依赖于技术的进步，壳牌公司认为 Perdido 油田能够成功进行商业开发，依赖于下列 4 项科技的快速发展：

（1）4D 地震水淹成像技术。

（2）PMTs 压力传导装置，该装置是用来监控沉降情况的。

（3）MPD 钻井技术，该技术专门用来对付海洋窄密度窗口。

（4）沉箱式电潜泵，用于海底进行油气分离。

1. Perdido 项目开发历史

Perdido 油田发现于 2002 年，自开发之日起，就是墨西哥湾开发难度最大的油田。Perdido 油田的产权所有者是壳牌公司，英国石油公司和雪佛龙公司，操作者和管理者是壳牌公司。该油田的生产平台开发平台锚定位置在墨西哥湾地区阿拉米诺斯峡谷 857 区块，水深 7817ft，位于墨西哥湾西部，距离墨西哥共和国领海区域仅有 6mi（1mi = 1.61km）。Perdido 油田下面有 3 个小油田：Great White 油田、SilverTip 油田和 Tobago 油田，这 3 个小油田的投资方和利益分配模式各不相同。Perdido 油田曾经长期保持深海油田的世界纪录，Perdido 油田拥有世界上最深的钻井和生产平台，其中的 Tobago 油田的生产井水深也是世界纪录，达到了惊人的 9627ft。这些世界纪录的背后，有两个因素值得深究。

深海钻井的风险是很大的，必须要面对，如何精确的计算这些风险并采取适合的应对措施非常重要。

2. 采用最先进的深海针对性技术、地质条件

Perdido 油田最初的目的开发层位是始新系的渐新统和古新统储层，这部分地层的储层没有临井数据可供参考，因此开发风险非常的大，开发方案和开发理念的选择都具有很大的不确定性。随着勘探进程的深入，开发层位逐渐聚焦于下始新系储层，最终确定的开发层位是上 Wilco * WM12 砂岩层，但这个储层也有不利于开发的因素：储层断层现象极为严重，对于储量判断和井位选择都颇为不利。砂岩储层又含有大量的水，因此在含水量过高之前，能不能经济有效开发该油层是要先划上一个问号的。Tobago 油田和 Great White 油田开采的油层都是 WM12 油层，除了 WM12 油层之外，Perdido 油田的开发油层还包括 Frio 油层，

这个油层的开发难度更进一步，高压实度和非常浅的埋深意味着地层压力密度窗口过于狭窄，对于钻井和采油都是非常大的考验。Silvertip 油田和 Great White 油田的开发层位包含 Frio 油层。

3. 生产平台

开发好 Perdido 油田面临着三大考验：地质情况复杂、海水太深、油价不稳定。WM12 油层的储层原始能量并不充分，而水深又太深，不可能采用自喷法生产，只有上人工举升措施才能保证经济产量，并提高最终采收率。地质条件也比较苛刻，油层分布呈现碎片化，就要求开发井数也要相应增加。需要钻的井数一多，浮式钻井平台就不划算，就需要上钻井船，深海开发对开发平台的稳定性要求也非常高，因此选用开发平台生产平台作为开发母平台。这种开发钻井平台和生产平台的搭配对于壳牌公司来说尚属首次，壳牌公司在墨西哥湾的开发模式一般选用张力腿式 TLP 平台，壳牌公司商业开发的 Mars、Ursa、Auger 以及 Brutus 油田都采用的是张力腿式平台。开发平台平台的一大局限是举升能力有限，不能超过 9600t，井数过多的话意味着立管数也很多，对于开发平台平台的举升能力是个不小的考验，一旦井数超过开发平台平台能够承受的范围，操作成本会过高，设备能力也无法承载。为了解决这个问题，Perdido 油田的开发者想到了减少立管数量的办法，具体实施起来就是在海底安装集输管线，将所有的生产井生产的流体汇集到 5 根立管中，每根立管都包含有一套潜油电泵，立管中的流体输送到开发平台平台。为了完成这个工程构想，Perdido 油田在海底安装"湿式"采油树，钻井和完井立管承压能力也选择更高的等级，并且还包括地面防喷器。通过实施这些技术手段，超深水开发的风险性大大降低，也具备了经济开发的可能性。

4. 海底采油泵系统——沉箱式海底潜油电泵

海底采油泵系统的工作性能要求在海底就对采出液进行油气分离，分离出来的天然气走生产管柱的外环空，原油走内环空，由潜油电泵泵送至平台。在生产的初期，想在海底实现稳定的油气分离，以及分离器、潜油电泵的稳定工作非常困难，因为立管的液面管理技术还不够先进，不能有效的控制立管液面，如果控制不好，原油溶解气过多，油气分离的效果就会大打折扣，原油会携带天然气进入平台，随着天然气的膨胀导致系统的回压升高，降低产量，而天然气如果携带过多的油滴对于平台的天然气处理设施也非常不利，造成"火雨"不可避免，更为头疼的是会造成天然气通道被油滴甚至水合物堵塞，造成必须进行平台作业的不利局面。如果平台作业次数过多，实际就宣告了 Perdido 油田开发的失败，因为深海开发经不起成本高昂的折腾。为了克服这个问题，天然气分离器的连接管线单独设置，分离出来的液滴掺进原油油气分离器，这样就大大增强了系统稳定性，可以有效减少作业次数。

为了进一步提高海底采油泵系统的工作效率，2015 年工程人员进行了一系列技术研究，旨在尽可能的降低天然气管线的持液率，降低天然气含液量的通常做法是在保持产能不变的情况下加化学除泡剂，但是系统不稳定性依然存在，而且难以预防。为此壳牌公司的工程人员做了大量的工程试验，包括很多实验室也参与进来，最终认定，降低液面可以有效的减少天然气含液量，这种做法可以有效缓解海底采油泵系统的不稳定，并且能减少加药量。

5. 海底采油泵系统的优势和技术亮点

充分结合现有的成熟技术，开发井数不变的情况下大大减少立管的数量，降低了开发平台举升负荷。

将所有生产井的举升系统限制在 5 根立管的潜油电泵中，减少了安装数量，否则每口井都需要单独安装潜油电泵和一些列配套水下设备。

水下油气分离器有效的解决了产能受限问题，做到了油管走油、气管走气。

在早期分离天然气含液量过高问题非常严重，常常造成生产中断，但是近年来改问题得到了有效克服，海底分离系统稳定性大大增强。

6. 4D 地震模拟技术

Perdido 产能最高的油层 WM-12 是一套始新系水驱油藏，水驱油藏的最佳开发组合是注采组合。后期的资料显示，WM-12 油层的储层连通性也是不错的，并没有被切割得很厉害。通过 4D 地震技术的成功应用，地质人员很容易监控水驱的情况，也更容易的判断出未波及区域，同时也可以更有效的优化井位设计，可以在断层多但连通性好的地区打井。

最开始 4D 地震技术并没有被看好，Perdido 油田也不需要这项技术。但随着开发的推进，WM12 油层需要进行注水，4D 地震技术就派上了用场，利用 4D 地震技术可以有效地监测注入水推进情况，这项技术对于优化未来注采井网以及油藏工程至关重要。4D 地震可以及时的使油藏工程师了解到波及情况，及时发现未波及区域对加密井选择十分重要，同时也有助于控制指进速度，提高最终采收率。WM12 储层的连通性的不确定性很大，4D 地震目前是唯一的手段能够理解 Perdido 储层断层发育情况的手段。

4D 地震模拟技术的优势和技术亮点包括：① 采油注水过程控制；② 监测注入情况；③ 跟踪注入水波及方向；④ 监测 Frio 储层压实度和上覆岩层压力随着生产过程产生的变化；⑤ 油藏管理；⑥ 控制气油比；⑦ 控制注水推进速度以及注水速度；⑧ 指导今后的油田开发；⑨ 井数、开发进度、生产井和注水井的目的层位；⑩ 进行历史数据吻合度推测；⑪ 用于商业计划书；⑫ 用于储量报告。

生产过程进行 4D 地震有时会有意料之外的发现，甚至是地质认识的惊喜。

7. PMTs 技术——压力控制传感器

Frio 油藏也是 Perdido 油田的主力油藏之一，正如前文所述其显著特征是埋深很浅、可压缩度极高。一旦开采到一定阶段就会导致地层沉降变形。一旦发生这种状况开采套管就会被拉断。为了提前预测这样的情况，避免悲剧发生，就需要在海底安装 PMTs(压力控制传感器)，有助于记录海底沉降的相关数据，从而指导 Frio 油藏平稳开发不至于沉降过快，破坏开采设施。

PMTs 技术起初并不是以 Perdido 油田的实际需要为参照进行开发的，但是实际使用的效果非常的好，有效的保护了海底的油气开采设施，同时这项技术还能计算绘制海地平面的几何图形，对于油气开发也是有帮助的。由于 Frio 油层的可压缩性非常大，监测海底的沉降情况也可能会有助于判断油藏衰竭的情况，以及油藏的联通性。

PMTs 技术的优势和技术亮点包括：① PMT 技术可以持续不断的监测沉降情况；② 沉降数据现在经能够成功的和波能滑翔器相连接了；③ PMTs 技术目前已经非常成熟稳定，95%的数据都能接收到；④ 海底沉降数据可以和油田生产数据连接作对比研究；⑤ 4D 地震技术和海底沉降数据可以互相验证；⑥ 数据漂移现象仍然存在，但并不影响采集有用的数据；⑦ 海底沉降数据成本很低但十分有效，有助于评估油气田的生产情况。

8. MPD 技术(控压钻井技术)

2015 年 Perdido 油田的钻井平台安装了一部控压钻井设备。这是因为 Perdido 油田在之前的开发过程中也遇到过窄密度窗口问题和低压层问题，控压钻井系统有助于控制井壁稳定。ECD 的精确控制可以阻止漏失，还能够在接单根和起下钻的时候避免井底压力激动过大。

PMTs 技术的优势和技术亮点包括：① 在非常苛刻的环境下保持井壁稳定，同时使用尽可能轻的钻井液，尽量保持压力梯度低于破裂压力；② 避免漏失；③ 接单根和起下钻的时候降低压力波动；④ 有助于提高钻速。

Perdido 油田的开发评价是艰难的，最开始没有人认为这个油田能够开发成功，并且能赚钱，最后不仅技术问题解决了，而且也赚到了钱。大量的最新技术用到了 Perdido 油田，沉箱式潜油电泵、4D 地震等，并且积累了丰富的经验。比如 Frio 油层的沉降问题的监测就有助于应用于其他浅层油气田。Perdido 项目的成功给低油价下的深海开发提供了经典范例，值得仔细研究。

参 考 文 献

［1］赵阳，卢景美，刘学考，等．墨西哥湾深水油气勘探研究特点与发展趋势［J］．海洋地质前沿，2014．

［2］田洪亮，杨金华．全球深海油气开发形势分析与展望［J］．国际石油经济 2006．

［3］赵阳，卢景美，刘学考，等．墨西哥湾深水油气勘探研究特点与发展趋势［J］．海洋地质前沿，2014．

［4］滕学清，李宁，陈勉．盐下水平井钻井理论与配套技术［M］．北京：石油工业出版社，2013．

［5］Merrell M P. Flemings P B. Bowers G L. Subsalt pressure prediction in the Miocene Mad Dog field［J］. Gulf of Mexico, AAPG Bulletin, v. 98(2)：315 – 340.

［6］滕学清，李宁，陈勉．盐下水平井钻井理论与配套技术［M］．北京：石油工业出版社，2013．

［7］Kilsdonk B. Graham R. Pilcher R. Deep Water Gulf of Mexico Sub – Salt Structural Framework［J］. OTC20937, 2010.

［8］Willson S. M. Fredrich J T. SPE, Sandia Natl. Laboratories, Geomechanics Considerations for Through- and Near-Salt Well Design［J］. SPE95621, 2005.

［9］York P. Sutherland M. Stephenson D. Ring L. Solid Expandable Monobore Openhole Liner Extends 13-5/8 in. Casing Shoe without Hole Size Reduction［J］. OTC19656, 2008.

［10］张星星，黄小龙，严德，等．墨西哥湾深水岩膏地层钻井实践［J］，石油钻采工艺，2015．

［11］Zhang J. Standifird W. Lenamond C. Casing Ultradeep, Ultralong Salt Sections in Deep Water：A Case Study forFailure Diagnosis and Risk Mitigation in Record – Depth Well［J］. SPE114273, 2008.

［12］Karimi M. Siddiqui A. Including Enabling Technologies in the Wellbore Construction Basis of Design：Smart Strategy to Benefit from Casing while Drilling, Open-hole Expandable Liners, and Liner Drilling［J］. OTC24089, 2013.

［13］Kang Lao, Michael S. Bruno, and Vahid Serajian. Analysis of Salt Creep and Well Casing Damage in High Pressure and High Temperature Environments.［J］OTC23654, 2012.

［14］张建兵，赵海洋．油气井膨胀套管技术［M］．北京：石油工业出版社，2015．

［15］Mathur R. Seiler N. Srinivasan A. Pardo N. Opportunities and Challenges of Deepwater Subsalt Drilling［J］. IADC/SPE127687, 2010.

［16］Zhang J. Standifird W. Lenamond C. Casing Ultradeep, Ultralong Salt Sections in Deep Water：A Case Study for Failure Diagnosis and Risk Mitigation in Record – Depth Well［J］. SPE114273, 2008.